Ergebnisse

der

rechnerisch zu lösenden Aufgaben

aus

Schulte-Tigges, Arithmetische Aufgabensammlung für höhere Lehranstalten
Unterstufe

und

Mehler-Schulte-Tigges, Elementar-Mathematik
Unterstufe

errechnet von

A. Schulte-Tigges
Oberstudiendirektor i. R.

Berlin und Leipzig 1928

Verlag von Walter de Gruyter & Co.
vormals G. J. Göschen'sche Verlagshandlung · J. Guttentag, Verlagsbuchhandlung · Georg Reimer · Karl J. Trübner · Veit & Comp.

Ergebnisse

der

rechnerisch zu lösenden Aufgaben

aus

Schulte-Tigges, Arithmetische Aufgabensammlung
für höhere Lehranstalten
Unterstufe

und

Mehler-Schulte-Tigges, Elementar-Mathematik
Unterstufe

errechnet von

A. Schulte-Tigges
Oberstudiendirektor i. R.

Berlin und Leipzig 1928

Verlag von Walter de Gruyter & Co.
vormals G. J. Göschen'sche Verlagshandlung · J. Guttentag, Verlagsbuchhandlung · Georg Reimer · Karl J. Trübner · Veit & Comp.

Druck von Walter de Gruyter & Co., Berlin W 10

Vorbemerkungen.

1. Die „Ergebnisse" sind nur für Lehrer bestimmt und können nur auf Grund einer Bescheinigung der Schulleitung unmittelbar vom Verlag bezogen werden.

2. Zu den Gleichungen: Gekürzte Ergebnisse sind durch einen senkrechten Strich hinter der betreffenden Zahl gekennzeichnet.

3. Zu den logarithmischen, trigonometrischen und stereometrischen Aufgaben:

a) Für die Rechnung mit vierstelligen Logarithmen sind alle gegebenen Zahlen vorher auf 4 geltende Ziffern, die Winkel auf volle Minuten abgerundet worden. Die vierstelligen Rechnungen sind mit den von dem Unterzeichneten herausgegebenen, im gleichen Verlag zum Preise von 20 ₰ erschienenen „Rechentafeln" ausgeführt worden.

b) Wenn die Interpolation oder Division bei vier-(fünf-)stelligen Logarithmen als fünfte (sechste) Ziffer eine glatte 5 ergab, ist diese (vorübergehend) beibehalten worden.

c) Ein Sternchen bei einer Aufgabe oder einem einzelnen Ergebnis bedeutet, daß die Rechnung ohne Logarithmen, gegebenenfalls mit verkürzter Multiplikation und Division oder mit den vierstelligen trigonometrischen Funktionen selbst ausgeführt worden ist.

d) Die mit fünfstelligen Logarithmen erzielten Ergebnisse sind den andern in Klammern beigefügt, teils zur Kontrolle, teils für solche Fälle, wo noch mit solchen Logarithmen gerechnet wird; sie gestatten zugleich ein Urteil darüber, wieweit die andern Ergebnisse als zuverlässig gelten können.

4. Sämtliche Aufgaben sind mindestens zweimal durchgerechnet worden. Für Mitteilung etwa noch vorhandener Fehler oder Ungenauigkeiten würde der Unterzeichnete dankbar sein.

Kassel, im Dezember 1927.

A. Schulte-Tigges.

Arithmetische Aufgabensammlung.

Unterstufe.

I. Grundrechnungsarten und Proportionen.

§ 1. Addition von Zahlen.

9.

	1	2	3	4	5	6	7
α)	7	22	$19\frac{1}{2}$	$11\frac{2}{3}$	6,4	7,6	5,25
β)	$5\frac{1}{2}$	$20\frac{1}{2}$	18	$10\frac{1}{6}$	4,9	6,1	3,75
γ)	8	23	$20\frac{1}{2}$	$12\frac{2}{3}$	7,4	8,6	6,25
δ)	$6\frac{3}{4}$	$21\frac{3}{4}$	$19\frac{1}{4}$	$11\frac{5}{12}$	6,15	7,35	5

11.

	1	2	3	4	5	6
$a + b =$	5	33	$7\frac{1}{2}$	$6\frac{5}{12}$	6	7,88
$a + b + c =$	9	56	$20\frac{1}{4}$	$15\frac{1}{4}$	13,9	11,3

14. a) 818; **b)** 139; **c)** 213; **d)** $28\frac{1}{7}$; **e)** $33\frac{5}{8}$; **f)** 17,75.

§ 2. Subtraktion von Zahlen.

9.

	1	2	3	4	5	6
α)	3	15	$10\frac{1}{2}$	$2\frac{5}{6}$	6,4	10,75
β)	$1\frac{1}{2}$	$13\frac{1}{2}$	9	$1\frac{1}{3}$	4,9	9,25
γ)	3,8	15,8	11,3	$3\frac{19}{30}$	7,2	11,55
δ)	15	3	$7\frac{1}{2}$	$15\frac{1}{6}$	11,6	7,25
ε)	$20\frac{3}{4}$	$8\frac{3}{4}$	$13\frac{1}{4}$	$20\frac{1}{12}$	17,35	13

11) 6; 0; $89\frac{7}{24}$; $10\frac{5}{6}$; 35,7; 7,079.

§ 3. Addition in Verbindung mit Subtraktion.

3) 7; 14; $7\frac{1}{4}$; $6\frac{5}{6}$; 13,5; 8,6; 4; 4.
7. a) 149; **b)** 20; **c)** $14\frac{3}{7}$; **d)** $5\frac{1}{2}$.
8. a) 10; **b)** 3; **c)** 3; **d)** 0; **e)** 113; **f)** $\frac{1}{2}$; **g)** $\frac{1}{15}$; **h)** $1\frac{3}{4}$; **i)** 11,5; **k)** 0.
10. a) $5a$; **b)** $3b$; **c)** 0; **d)** $2d$; **e)** 0.

11. **a)** $11\,a$; **b)** $4\,x$; **c)** $8\,x$; **d)** $15\tfrac{7}{12}\,a$; **e)** $22\,y$; **f)** $3\,b$; **g)** $14\,z$; **h)** $5\,m - 4\tfrac{1}{12}\,p$.
12. **a)** $11\,a + 5\,b$; **b)** $5\,a - 4\,b$; **c)** $2\,m + 6\,n$; **d)** $-2\,x - 4\,y - 5\,z$; **e)** $6\,x - 11\,y - 12\,z$; **f)** $1\tfrac{1}{8}\,a - \tfrac{1}{2}\,b - 10\tfrac{17}{18}\,c$.
13. **a)** $25\,x - 211\,m - 52\,n$; **b)** $40\,x - 166\,y$; **c)** $10\tfrac{1}{2}\,a - 17\tfrac{1}{4}\,b$; **d)** z; **e)** $27{,}8\,y$; **f)** $37{,}8\,a$.

§ 4. Addition und Subtraktion mehrgliedriger Ausdrücke.

3. **a)** 17; 13; **b)** 16; 12; **c)** $12\tfrac{1}{4}$; $8\tfrac{1}{4}$; **d)** 20,1; 16,1.
4. **a)** 26; 20; **b)** 35; 27; **c)** $31\tfrac{5}{6}$; $26\tfrac{5}{6}$; **d)** 8,49; 6,59.
7. **a)** 13; 19; **b)** $2\tfrac{1}{6}$; $8\tfrac{1}{6}$; **c)** $1\tfrac{23}{24}$; $7\tfrac{23}{24}$; **d)** 104,46; 110,46.
8. **a)** 70; 108; **b)** $\tfrac{7}{12}$; $9\tfrac{7}{12}$; **c)** $10\tfrac{7}{15}$; $19\tfrac{7}{15}$; **d)** 12,4; 21.
10. **a)** 1249; **b)** 18,623; **c)** 431; **d)** $11\tfrac{1}{2}$.
12. **a)** $18\,a + 7\,b$; **b)** $12\,x - 7\,a$; **c)** $42\,z - 4\,b$; **d)** $14\,y - 9\,x$.
13. **a)** $67\tfrac{5}{6}\,x + 9\tfrac{1}{6}\,y$; **b)** $61\,x + 3\tfrac{2}{3}\,y$; **c)** $8{,}77\,a + 47{,}3\,b$; **d)** $8{,}26\,y - 18{,}4\,z$.
14. **a)** $6\,a - 4\,b$; **b)** $36\,x$; **c)** $6\tfrac{1}{4}\,a + 1\tfrac{11}{12}\,x$; **d)** $3{,}5\,m - 4{,}2\,n$.
15. **a)** $8\,g - 5\,h$; **b)** $61\,m + 42\,n$; **c)** $61\tfrac{3}{7}\,p - 30\,q$; **d)** $5{,}3\,a - 25{,}6\,b$; **e)** $10{,}7\,x - 4\tfrac{3}{4}\,y$; **f)** $1{,}1\,x + 11{,}4\,y$.
17. **a)** $4\,x + 12\,y - 24\,z$; **b)** $4\,a + 19\,b - 11\,c$; **c)** $x + 2\,y$; **d)** $5\tfrac{1}{8}\,p - 12\tfrac{5}{7}\,q + 8\tfrac{5}{6}\,r$; **e)** $6{,}15\,a - 1{,}5\,b - 10\,c$.
18. **a)** $19\,a - 5\,b$; **b)** $10\,x + 17\,y$; **c)** $2\,a - 4\,b - 8\,c$; **d)** m; **e)** $87\,p - 10\,q$; **f)** b; **g)** $7\tfrac{11}{12}\,a - 6\tfrac{1}{12}\,b + 3\tfrac{5}{18}\,c$; **h)** $22{,}1\,x + 19{,}2\,y - 13{,}5\,z$.
19. **a)** $10\tfrac{7}{12}\,x - 18\tfrac{3}{4}\,r + 2\tfrac{1}{12}\,t - 5{,}9\,s$; **b)** $3{,}16\,a - 11{,}98\,b - 10{,}94\,c - 46$; **c)** $-4\,a - 5\,b$; **d)** $43\,x - 7\,y - 4\,z$; **e)** $x + y + z$; **f)** $787\,a + 288\,b$.
20. **a)** $a + (x - y) - (b + c) - (m + n - p)$; **b)** $(a + b) - (x + y - z) - (p - q + r)$; **c)** $(a + c - x) - (b - y - m) - (z + u + v)$; **d)** $(a - d + f) + (b - g + i) - (c + e + h)$.
22. **a)** 19742; **b)** 1948; **c)** $64\tfrac{17}{24}$; **d)** $57\tfrac{1}{2}$; **e)** 7746; **f)** $26\tfrac{3}{4}$.

§ 5. Addition und Subtraktion relativer Zahlen.

4. **a)** $+15$; **b)** -17; **c)** $+28\,a$; **d)** $-41\,x$.
5. **a)** $+5\,a$; **b)** -3; **c)** $+12\,a$; **d)** $-7\,x$.
6. **a)** $+4$; **b)** 0; **c)** -4; **d)** 0; **e)** $+2\,a$; **f)** 0; **g)** $-2\,a$; **h)** 0.
7. **a)** -3; **b)** $+3$; **c)** $+9$; **d)** -8; **e)** $-2\,a$; **f)** $+5\,a$; **g)** $+17\,a$; **h)** $-9\,a$.
11. **a)** $+24^\circ\,13'$; **b)** $+82^\circ\,48'$; **c)** $+48^\circ\,25'$.
12. **a)** $+10^\circ\,36'$; **b)** $+63^\circ\,45'$; **c)** $+11^\circ\,2'$.
13. **a)** $+7^\circ$ C; **b)** -3° C; **c)** $+4^\circ$ C; **d)** -5° C.
14. **a)** $+1{,}77$ m ($+28{,}1\%$); **b)** $-0{,}39$ m ($-6{,}2\%$); **c)** $-0{,}84$ m ($-13{,}3\%$); **d)** $+0{,}38$ m ($+6\%$).

15. a) -3; **b)** $+14$; **c)** -23; **d)** -111; **e)** -6; **f)** $-\frac{3}{4}$; **g)** $45a$; **h)** $2\frac{23}{24}x$; **i)** $-3{,}8p$; **k)** $-0{,}2x - 0{,}2y - 4z$.

16. 1a) $+1$; **1b)** $-1\frac{1}{4}$; **1c)** $-9{,}55$; **2a)** -5; **2b)** $+6\frac{1}{4}$; **2c)** $+2{,}27$; **3a)** $+13$; **3b)** $+3\frac{11}{12}$; **3c)** $-11{,}32$; **4a)** -17; **4b)** $+1\frac{1}{12}$; **4c)** $+4{,}04$.

17. a) $13m + (-24n)$; **b)** $(-4p) + (-4q)$; **c)** $3x + (-4y) + (-5z) + 6u$; **d)** $(-2a) + 3b + (-4c) + (-5d)$.

§ 6. Multiplikation von Zahlen und Produkten.

3. a) 154; 4; **b)** 87; 59; **c)** 1; 85; **d)** 31; 222.

4. a) 46; 28; **b)** 88; 54; **c)** 92; 92; 126; **d)** 9; 27; 39; 3.

5. a) $18m$; **b)** $64a$; **c)** $32x - 26y$; **d)** $86\frac{1}{2}p + 12q$.

13. a) 3300; **b)** 980; **c)** 436000; **d)** 29000; **e)** 357; **f)** 75.

16. a) $21a$; **b)** $60ax$; **c)** $20p$; **d)** $30{,}6mn$; **e)** $15a^2$; **f)** $3ax^2$; **g)** $3a^2x$; **h)** $7x^3$; **i)** $2p^5$.

18. a) 900; **b)** 67000; **c)** 1600; **d)** 7000; **e)** 490; **f)** 2100.

20. a) $48xy$; **b)** $20ab$; **c)** $21mn$; **d)** $3ab$; **e)** $3ab$; **f)** $15a^3$; **g)** $15a^4$; **h)** $9x^5$; **i)** $7\frac{1}{2}z^5$; **k)** $9{,}66y^6$.

21. a) $30a^2x$; **b)** $33a^2bx^2$; **c)** $18\frac{1}{3}ax^3$; **d)** $1\frac{2}{3}a^3bx^3$; **e)** $13\frac{4}{5}ab$; **f)** $5xy - 1\frac{3}{10}uv$.

22. a) $32m^3 - 13m^2$; **b)** $6x^4$; **c)** $-4\frac{2}{3}a^3y^3 - \frac{5}{9}a^3y^2$; **d)** $-25\frac{1}{6}a^2x^3 - 89a^3x^2$.

26. a) -36; **b)** $-4x$; **c)** 0; **d)** $-15b$; **e)** $-12a^2y$.

27. a) $+33$; **b)** -8; **c)** $-22ab$; **d)** $-18a^2x^3 + 12a^3x$.

28. a) 0; **b)** -16; **c)** -85; **d)** 30.

§ 7. Multiplikation mehrgliedriger Ausdrücke.

3. a) $3m + 3n$; **b)** $ax + bx$; **c)** $18x + 24y$; **d)** $28ax + 35bx$; **e)** $20an + 30bn$; **f)** $\frac{8}{15}mp + \frac{3}{5}mq$; **g)** $20u^2v + 33uv^2$.

6. a) $6p - 6q$; **b)** $ax - ay$; **c)** $3u - 10\frac{1}{2}v$; **d)** $20ax - 10bx$; **e)** $100tv - 30\frac{2}{3}uv$; **f)** $36{,}25ax^2 - 9{,}25bx^2$; **g)** $6a^3b^2 - 8a^2b^4$.

8. a) $14a - 21b + 35c$; **b)** $36ax - 48ay - 60az + 72at$; **c)** $30m^2 - 46mn + 104m$; **d)** $27{,}2pq - 96{,}96q^2 - 44{,}96qr$; **e)** $20a^2x - 33abx + 62acx$; **f)** $15a^3y^2 + 25a^2y^3 - 30a^3y^3$; **g)** $20x^3y^2 - 30x^2y^3 + 40xy^4$.

9. a) $-42b^2 + 24bc$; **b)** $20ab - 40ac$; **c)** $43np - 29n^2$; **d)** $21a^2b - 42a^2c$; **e)** $-2a^2x^3 + 63ax^2$; **f)** $16x^2 - 24xy - 5y^2$; **g)** $8\frac{1}{3}a^2 - 7\frac{1}{6}ab - 6\frac{1}{2}b^2$; **h)** $12p^2q^2 - 8\frac{2}{5}p^3q$; **i)** $18a^2b - 95ab^2$; **k)** $45\frac{1}{3}x^2y^2 - 8a^2y^2 - 15\frac{3}{5}a^2x^2$.

11. a) $22a - 28b + 3c$; **b)** $95az - 45ay + 12y$; **c)** $16a^3b^4 - 24a^4b^3$; **d)** $18ar$; **e)** $-28ab$.

13. a) $p(a+b)$; **b)** $x(m-n)$; **c)** $z(m+n-p)$; **d)** $b(a+c)$; **e)** $x(a-yz)$; **f)** $c(ab+bd+de)$.

14. **a)** $4(3a + 4b)$; **b)** $6(2m - 3n)$; **c)** $\frac{2}{7}(2x - 3y + 4z)$; **d)** $12x(2a - 3b)$; **e)** $5a(a + 5b - 7c)$; **f)** $15pq(9p - 3q + 4pq)$; **g)** $2x^2yz(2z^2 - 3xy - 6)$; **h)** $\frac{3}{5}abc(3a + 4b - 6c)$.

15. **a)** $17x - 5a(5b + 3c)$; **b)** $23z - 7x(2a + 3b - 4c)$; **c)** $3m + 9x(2a - 3b) - 7c(2y - 3z + 4t)$; **d)** $5p(5a - 6b) - 17s(2r + 3t)$; **e)** $8m - \frac{5}{6}xy(x^2 + 5x - 7y)$.

18. **a)** $mp + np - mq - nq$; **b)** $ap - aq + ar - bp + bq - br$; **c)** $ab - bm + ax - mx - ay + my$; **d)** $am - an - ap - bm + bn + bp + cm - cn - cp$.

19. **a)** $3ax + 4bx - 3ay - 4by$; **b)** $20am - 30an - 30bm + 45bn$; **c)** $8x^3 - 2\frac{1}{3}x^2y - 7\frac{1}{2}xy^2$; **d)** $12x^2 - 22{,}3xy + 38{,}7xz + 7y^2 - 23{,}1yz + 18{,}9z^2$; **e)** $1\frac{3}{5}p^2 + \frac{41}{45}pq + 2pr - q^2 + 5\frac{11}{18}qr - 5r^2$.

20. **a)** $24a^3 - 66a^2b + 7ab^2 + 20b^3$; **b)** $\frac{4}{5}x^4 - \frac{2}{5}x^3y - 1\frac{13}{20}x^2y^2 + 1\frac{1}{8}xy^3$; **c)** $a^4b^3 + a^3b^4 - \frac{3}{4}a^2b^5$; **d)** $4{,}32x^3 - 6{,}6x^2y - 6{,}84xy^2 + 5{,}52y^3$.

22. **a)** $m^2 + 2mn + n^2$; **b)** $p^2 - 2pq + q^2$; **c)** $x^2 - y^2$; **d)** $4m^2 - 4mn + n^2$; **e)** $p^2 + 6pq + 9q^2$; **f)** $9x^2 - 4y^2$.

23. **a)** $9a^2 + 24ab + 16b^2$; **b)** $25x^2 - 60xy + 36y^2$; **c)** $\frac{4}{9}m^2 - mn + \frac{9}{16}n^2$; **d)** $2\frac{1}{4}p^2 - 7\frac{1}{9}q^2$; **e)** $156{,}25x^2 + 80xy + 10{,}24y^2$; **f)** $4x^4 - 12x^3y + 9x^2y^2$; **g)** $9a^2b^2 + 36ab^3 + 36b^4$; **h)** $\frac{4}{49}a^4b^2 + a^3b^3 + 3\frac{1}{16}a^2b^4$.

24. **a)** $a^2 + b^2 + c^2 + 2ab + 2ac + 2bc$; **b)** $a^2 + b^2 + c^2 - 2ab + 2ac - 2bc$; **c)** $a^2 + b^2 + c^2 + 2ab - 2ac - 2bc$; **d)** $a^2 + b^2 + c^2 - 2ab - 2ac + 2bc$.

25. **a)** $9x^2 + 16y^2 + 25z^2 - 24xy + 30xz - 40yz$; **b)** $\frac{4}{9}p^2 + \frac{9}{16}q^2 + \frac{25}{36}r^2 + pq - 1\frac{1}{9}pr - 1\frac{1}{4}qr$; **c)** $m^2 + 2mn + n^2 - p^2$; **d)** $m^2 - n^2 + 2np - p^2$.

26. **a)** $14ab + 10b^2$; **b)** $15a^2 - 30ab - 9b^2$; **c)** $60y^2 - 12x^3 + 15xy$; **d)** $40m^4 - 12m^3n + 9m^2n^2$.

27. **a)** $9a^2 - 40ab + 48b^2$; **b)** $2x^2 + 2y^2$; **c)** $2x^2 + 8xy - 17y^2 + 32yz - 14z^2$; **d)** $9a^2 - 84ab + 27b^2$; **e)** $16x^2 + 48xy - 9y^2$.

28. **a)** $(3a - 4b)(5x + 6y)$; **b)** $(3b^2 - 11q)(2a^2 - 5p)$; **c)** $(15ax + 26by)(3ay - 4bx)$; **d)** $ab(13a^2 - 5b^2)(7a + 4b)$.

29. **a)** $(2x - y)^2$; **b)** $(4m + 3n)^2$; **c)** $(\frac{2}{3}a + \frac{3}{4}b)(\frac{2}{3}a - \frac{3}{4}b)$; **d)** $(5ax + 6by^2)(5ax - 6by^2)$; **e)** $pq(3p - 7q)^2$.

31. **a)** -63; **b)** -233; **c)** $-ax$; **d)** $+52ab$.

32. **a)** -22; $+22$; $+5$; **b)** $+50$; -14; $+5$; **c)** $+25$; -6; $+2$; **d)** -7; -13; -7.

§ 8. Division von Zahlen und Produkten.

4. **a)** 14; **b)** 74; **c)** 4; **d)** 12.

5. **a)** $4x$; **b)** 3; **c)** $5m$; **d)** 10.

6. **a)** $+3$; **b)** -2; **c)** -3; **d)** $+2$.

7. a) -3; **b)** $-6x$; **c)** $+5$; **d)** $+7a$; **e)** $-5z$; **f)** -23.
8. a) -6; **b)** $+22$; **c)** -4; **d)** -12.
10. a) $12x$; **b)** $12a$; **c)** $4x$; **d)** $3a$; **e)** a; **f)** a^2; **g)** a; **h)** $2a$; **i)** $4a$; **k)** $x+y$; **l)** a; **m)** $x-y$.
11. a) 4; **b)** $9a$; **c)** $13x$; **d)** $15a$.
12. a) $6x+4y$; **b)** $14a^2-7ab^2$; **c)** $p-q$; **d)** $m-n$; **e)** $5a+2b$; **f)** $2(3a+7x)$; **g)** $3q(6p-5q)$.

§ 9. Division mehrgliedriger Ausdrücke. Aufsuchung des größten gemeinschaftlichen Teilers und des kleinsten gemeinschaftlichen Vielfachen.

3. a) $2a+3b-4c$; **b)** $2x-3y+4z$; **c)** $5a-7b-9c$; **d)** $3a-4b$.
4. a) $3m-3\frac{1}{3}n+3\frac{2}{3}p-4q$; **b)** $\frac{3}{8}a-\frac{2}{5}b+\frac{5}{12}c$; **c)** $\frac{1}{2}x+\frac{2}{3}y-\frac{17}{20}z$; **d)** $0{,}8u-0{,}65v+1{,}775w$.
5. a) $\frac{57}{80}a-\frac{1}{3}b$; **b)** $2{,}35x+0{,}775y$; **c)** $\frac{2}{3}n-\frac{5}{6}m$; **d)** $1\frac{31}{36}q-\frac{4}{15}p$.
7. a) $a+b$; **b)** $2a+3b$; **c)** $7x+5y$; **d)** $3a+4b+5c$; **e)** $3a+5b$; **f)** $9x-7y$; **g)** $3x-7y+8z$; **h)** $a-b$; **i)** $a-b$; **k)** $12x-15y$; **l)** $6a-21b$; **m)** $5m-7n$; **n)** $3a-4b$; **o)** $4a+3b$; **p)** $15x-8y$.
8. a) $(x^3+y^3):(x+y)=x^2-xy+y^2$;
$(x^3-y^3):(x-y)=x^2+xy+y^2$;
b) $(x^4-y^4):(x+y)=x^3-x^2y+xy^2-y^3$;
$(x^4-y^4):(x-y)=x^3+x^2y+xy^2+y^3$;
c) $(x^5+y^5):(x+y)=x^4-x^3y+x^2y^2-xy^3+y^4$;
$(x^5-y^5):(x-y)=x^4+x^3y+x^2y^2+xy^3+y^4$;
d) $(x^6-y^6):(x+y)=x^5-x^4y+x^3y^2-x^2y^3+xy^4-y^5$;
$(x^6-y^6):(x-y)=x^5+x^4y+x^3y^2+x^2y^3+xy^4+y^5$.
9. a) 7; **b)** 2; **c)** ab; **d)** $21x^2$.
10. a) $2(3a-4b)$; **b)** $4x-5y$; **c)** $2x+3y$; **d)** $a(5a-2b)$.
11. a) $3a-4b$; **b)** $a+b$; **c)** $3x-4y$; **d)** $2a-3b$.
12. a) 29; **b)** 37; **c)** 1; **d)** 17.
13. a) 72; **b)** 60; **c)** 720; **d)** $abcd$; **e)** a^2b^2; **f)** $72abcx$.
14. 10 a) $24(3a-4b)$; **10 b)** $12(4x-5y)$; **10 c)** $210(2x+3y)$; **10 d)** $42a(5a-2b)$; **11 a)** $(3a-4b)(5x+6y)(2x-7y)$; **11 b)** $30ab(a^2-b^2)$; **11 c)** $(3x+4y)(3x-4y)^2$; **11 d)** $3x(4a^2-9b^2)(4m-7n)$; **12 a)** 1827; **12 b)** 16169; **12 c)** 165597; **12 d)** 2750787.

§ 10. Bruchrechnung.

3. a) $\frac{a+b}{x}$; **b)** $\frac{3a}{y}$; **c)** $\frac{11a}{3b}$; **d)** $\frac{m}{pq}$; **e)** $a+b$; **f)** 6; *a)* $5a$.

4. a) 5; **b)** 4; **c)** 4; **d)** $\frac{10a^3+9b^3}{ab}$.

7. a) $\frac{mx}{n}$; b) $\frac{6a}{x}$; c) $\frac{a}{3x}$; d) $4x$.

9. a) $\frac{3}{a}$; b) $\frac{2x}{7}$; c) $\frac{3x}{98a}$; d) $\frac{5b}{16m^2n}$.

10. a) $\frac{3a}{2x-3y}$; b) $\frac{3a-4b}{2m}$; c) $\frac{a+b}{a^2+b^2}$; d) $\frac{x-y}{3}$;
e) $\frac{35a^2x}{3y+4z}$; f) $\frac{4ax-3b}{15yz}$.

12. a) $\frac{12}{21}$; $\frac{4a}{7a}$; $\frac{4ab}{7ab}$; $\frac{4x^2}{7x^2}$; b) $\frac{3m}{3n}$; $\frac{am}{an}$; $\frac{abm}{abn}$; $\frac{mx^2}{nx^2}$;
c) $\frac{3a}{3z}$; $\frac{a^2}{az}$; $\frac{a^2b}{abz}$; $\frac{ax^2}{x^2z}$; d) $\frac{3x}{12}$; $\frac{ax}{4a}$; $\frac{abx}{4ab}$; $\frac{x^3}{4x^2}$;
e) $\frac{6a}{15}$; $\frac{2a^2}{5a}$; $\frac{2a^2b}{5ab}$; $\frac{2ax^2}{5x^2}$; f) $\frac{21a^2}{3n}$; $\frac{7a^3}{an}$; $\frac{7a^3b}{abn}$; $\frac{7a^2x^2}{nx^2}$.

13. a) $\frac{5}{6}=\frac{10}{12}=\frac{15}{18}=\frac{10a}{12a}=\frac{25ax}{30ax}$; b) $\frac{x}{y}=\frac{ax}{ay}=\frac{xy}{y^2}=\frac{3ax^2}{3axy}$;
c) $\frac{2a}{7x}=\frac{12a}{42x}=\frac{6ax}{21x^2}=\frac{8a^2b}{28abx}$; d) $\frac{a-b}{a+b}=\frac{a^2-b^2}{(a+b)^2}=\frac{ax-bx}{ax+bx}$.

14. a) $\frac{5}{9}$; b) $\frac{2a}{3b}$; c) $\frac{3a}{5b}$; d) $\frac{4ay}{5x}$; e) $75bx$; f) $\frac{5a^2x}{7b}$.

15. a) $\frac{3a-5b}{4x}$; b) $\frac{2m-12n}{n}$; c) $\frac{6a-7b}{2}$;
d) $\frac{3x}{2a-5x}$; e) $\frac{3a}{5x-6a}$.

16. a) $\frac{4}{5}$; b) $\frac{3a}{5b}$; c) $\frac{15r}{7s}$; d) $\frac{a-b}{4}$; e) $\frac{2}{2x+3y}$.

17. a) $\frac{3x}{4y}$; b) $\frac{3a}{2b}$; c) $\frac{2a}{3b}$; d) $\frac{a-2b}{a-3b}$; e) $\frac{5a-6b}{3a+7b}$; f) $\frac{2(a^2-2b)}{3(2a-3b)}$.

18. a) $\frac{a+b}{x}$; b) $\frac{3(a+b)}{4y}$; c) $\frac{2}{5x+4y}$; d) $\frac{2x}{2x-3y}$;
e) $\frac{2p(3p-5q)}{3q(3p+5q)}$; f) $\frac{x^2-xy+y^2}{x-y}$; g) $\frac{x^3+x^2y+xy^2+y^3}{x^2+xy+y^2}$.

19. a) $1\frac{7}{12}$; b) $\frac{a}{30}$; c) x; d) $\frac{7}{30a}$; e) $\frac{41x}{24a}$; f) $\frac{an+bm}{bn}$;
g) $\frac{a+bc}{b}$; h) $\frac{4b^2-3ab+2a^2}{a^2b^2}$; i) $\frac{bcx+acy-abz}{abc}$;

k) $\frac{c^2 - b^2 + a^2}{abc}$; l) $\frac{20\,my^2 - 21\,nxy + 22\,px^2}{48\,x^2y^2}$.

20. a) $\frac{a^2 + b^2}{ab}$; b) $\frac{a^2 - ax}{x^2}$; c) $\frac{-b}{24\,a}$; d) $\frac{3\,a - 14\,b}{24\,x}$;
e) $\frac{11\,xy - 9\,x^2 - 48\,y^2}{60\,xy}$.

21. a) $\frac{23}{6\,(2\,a + 3\,b)}$; b) $\frac{-y}{6\,(3\,a + 4\,b)}$; c) $\frac{b}{18\,(3\,x - 4\,y + 6\,z)}$;
d) $\frac{16\,x - 137\,y}{30\,(4\,x - 5\,y)}$; e) $\frac{6\,x - 9\,a}{4\,ax\,(5\,x - 7\,y)}$.

22. a) $\frac{m - 9\,n}{m^2 - n^2}$; b) $\frac{2\,a^2}{a^2 - b^2}$; c) $\frac{10\,xy}{x^2 - y^2}$; d) $\frac{29\,p - 18\,q}{6\,(3\,p + 2\,q)\,(p - 2\,q)}$;
e) $\frac{3\,p^2 - 18\,pq - 17\,q^2}{12\,(p^2 - q^2)}$.

24. a) $\frac{mx}{n}$; b) $\frac{3\,y}{2}$; c) $\frac{am}{bn}$; d) $1\frac{1}{4}$; e) $\frac{x}{6\,y}$.

25. a) 1; b) $\frac{15}{28}$; c) $\frac{8\,a}{15\,x}$; d) $\frac{2\,m - 3\,n}{3}$.

27. a) 21; b) $\frac{4}{5}$; c) $\frac{ay}{x}$; d) $\frac{ay}{bx}$; e) $\frac{b}{2\,a}$; f) $\frac{9}{10}$; g) $\frac{55\,b^2x}{2\,a^2}$;
h) $\frac{12\,ax^2}{25\,b^2y}$.

28. a) $3\frac{3}{4}$; b) $\frac{q\,(p - q)}{p}$; c) $2\frac{1}{4}$; d) $\frac{18\,b\,(a + b)^2}{5\,a\,(a - b)^2}$.

§ 11. Proportionen.

5. a) $6 : 10 = 3\,a : 5\,a = 3\,ax : 5\,ax$; b) $5 : 3\frac{1}{2} = 2\frac{1}{2}\,a : 1\frac{3}{4}\,a = 2\frac{1}{2}\,ax : 1\frac{3}{4}\,ax$;
c) $2\,m : 2\,n = am : an = amx : anx$; d) $2\,a : 2\,b = a^2 : ab = a^2x : abx$;
e) $4\,x : 6\,y = 2\,ax : 3\,ay = 2\,ax^2 : 3\,axy$.

6. a) 21; b) 50; c) ab; d) b^2xy.

7. a) $3 : 2$; b) $p : 3\,q$; c) $3 : 5$; d) $a : b$; e) $2\,x : 3\,y$; f) $3\,b : 4\,a$;
g) $3\,a : 7\,x^2$; h) $a : 1$; i) $4 : 5$; k) $(a + b) : 3$.

8. a) $2 : 3$; b) $10 : 1$; c) $10 : 9$; d) $3 : 5$; e) $2 : 1$; f) $28 : 125$; g) $2 : 3$;
h) $3 : 5$.

11. a) falsch; b) richtig; c) falsch; d) richtig.

12. a) $6\frac{2}{3}$; b) $\frac{4}{15}$; c) 1,2; d) $7\frac{1}{5}$; e) $\frac{bc}{a}$; f) $\frac{b^2}{a}$; g) $\frac{c}{a + b}$; h) 6.

13. a) ± 6; b) $\pm a$; c) ± 3; d) $\pm 1\frac{1}{2}$; e) $\pm 1{,}5$.

16. a) $2 : 3 = 5 : x$; b) $7 : x = 1 : 7$; c) $x : 1 = 4 : 5$; d) $1 : x = 3 : 4$;

e) $4:1 = 1:x$; **f)** $4:1 = 1:x$; **g)** $3:20 = x:9$; **h)** $1:c = b:x$; **i)** $b:a = x:m$; **k)** $a:1 = 1:x$; **l)** $1:1 = b^2:x$.

17. a) $c:a = b:x$; **b)** $b:c = a:x$; **c)** $b:a = c:x$.

18. a) $1:2 = 4:x$; **b)** $3:4 = x:7$; **c)** $1:b = a^2:x$; **d)** $(2x - 3y):1 = 2:3z$.

20. a) $(a+b):a = (x+y):x$; $(a-b):a = (x-y):x$; $(a+b):(a-b) = (x+y):(x-y)$; **b)** $(a+b):a = (q+r):q$; $(a-b):a = (q-r):q$; $(a+b):(a-b) = (q+r):(q-r)$; **c)** $(a+b):a = (u+v):u$; $(a-b):a = (u-v):u$; $(a+b):(a-b) = (u+v):(u-v)$.

21. a) $a:x = (b-c):c$; **b)** $a:x = (b+c):c$; **c)** $x:a = (b-c):c$; **d)** $x:a = (c-b):c$; **e)** $a:x = (b+c):(b-c)$.

23. a) $a:c = 8:15$; **b)** $a:c = m:p$; **c)** $a:c = mp:nq$.

24. a) $\lambda = \frac{s}{a+b}$; $x = \frac{as}{a+b}$; $y = \frac{bs}{a+b}$; **b)** $\lambda = \frac{d}{a-b}$; $x = \frac{ad}{a-b}$; $y = \frac{bd}{a-b}$; **c)** $\lambda = \frac{s}{2a+3b}$; $x = \frac{as}{2a+3b}$; $y = \frac{bs}{2a+3b}$; **d)** $\lambda = \frac{d}{ap-bq}$; $x = \frac{ad}{ap-bq}$; $y = \frac{bd}{ap-bq}$.

27. a) $\lambda = 3$; $x = 6$; $y = 9$; $z = 12$; **b)** $\lambda = 6$; $x = 12$; $y = 18$; $z = 24$; **c)** $\lambda = 4$; $x = 8$; $y = 12$; $z = 16$.

28. a) $\lambda = \frac{s}{a+b+c}$; $x = \frac{as}{a+b+c}$; $y = \frac{bs}{a+b+c}$; $z = \frac{cs}{a+b+c}$; **b)** $\lambda = \frac{d}{a-b+c}$; $x = \frac{ad}{a-b+c}$; $y = \frac{bd}{a-b+c}$; $z = \frac{cd}{a-b+c}$.

30. a) 11,02(5) ℳ; **b)** 665,64 qm; **c)** 132 Minuten.

II. Potenzen, Wurzeln und Logarithmen.

§ 1. Potenzen.

2. a) 1, 4, 9, 16, 25, 36, 49, 64, 81, 100, 121, 144, 169, 196, 225, 256, 289, 324, 361, 400; **b)** 1, 8, 27, 64, 125, 216, 343, 512, 729, 1000; **c)** 4, 8, 16, 32, 64, 128, 256, 512, 1024; **d)** 9, 27, 81, 243; **e)** 15625; **f)** + 36; **g)** + 216; **h)** + 64; **i)** — 64; **k)** $+a^2$; **l)** $+a^3$; **m)** $+a^2$; **n)** $-a^3$; **o)** $+a^{2n}$; **p)** $+a^{2n+1}$; **q)** $+a^{2n}$; **r)** $-a^{2n+1}$.

3. a) 57; **b)** 17; **c)** 294; **d)** 40; **e)** —51; **f)** 17; **g)** —152; **h)** + 50.

4. a) $\frac{23}{72}$; **b)** $\frac{353}{500}$; **c)** $3\frac{7}{64}$; **d)** 1,5376; **e)** 0,125; **f)** 0,025573; **g)** 61,162984 — 21,36750625 = 39,79547775.

6. a) x^9; **b)** a^9; **c)** a^{5m}; **d)** b^x; **e)** u^n; **f)** y^4; **g)** z^a; **h)** $2a^2$.

7. a) $6x^8$; **b)** $11x^8$; **c)** $\frac{4}{7}a^5b^7$; **d)** $\frac{1}{2}x^{6a}y^{3b}$; **e)** $42x^{n+2}$; **f)** $\frac{3}{4}a^{x-2y}$.

8. a) + 243; **b)** — 512; **c)** — 243; **d)** a^7; **e)** $-n^5$; **f)** $-a^6$; **g)** $-a^7$; **h)** a^3.

9. a) $\frac{2a^5}{b^4}$; **b)** $\frac{8a^{p+q}}{b^p}$; **c)** $\frac{a^6}{b^5}$; **d)** $\frac{x^{a+2}}{y^{b+1}}$; **e)** $\frac{p^{2a}}{q^{2a}}$.

10. a) $\frac{x^2}{4y^8}$; **b)** $\frac{3a^{3x}}{34b^{3y+3}}$; **c)** $\frac{5n^{p+1}}{2p}$; **d)** $\frac{3a^{3x+2}}{2b^{5y}}$; **e)** $\frac{a^{2x+y}}{b^{3x}}$;
f) $\frac{a^{3x-1}b^{y-2}}{c^z}$.

11. a) $21a^6b^6 - 30a^5b^5 + 20a^4b^4$; **b)** $x^4 - y^4$; **c)** $x^5 - y^5$; **d)** $a^x - a^{x-3}$;
e) $a^{n+3} - a^{n+1} + 6a^n$; **f)** $x^{5a+b} - x^{2a-4b}$.

13. a) 16384; **b)** 6561; **c)** 15625.

14. a) $\frac{3+2a^2}{a^5}$; **b)** $\frac{a-bx^5}{x^6}$; **c)** $\frac{9aby-10bcx^3}{42x^4y^3}$;
d) $\frac{16abc^2-9acd^2+50ab^2d}{60b^3c^3d^3}$; **e)** $\frac{1-m}{m^{x+1}}$; **f)** $\frac{p-qx+rx^2}{x^{n+1}}$;
g) $\frac{a+bx^2-cx^4}{x^{n-1}}$.

15. a) $6xy(2x^2+3xy-5y^2)$; **b)** $\frac{2}{3}u^{a-2}(2u^4-5u^3+3)$;
c) $7a^nb^{n-1}(3a^2-2b^2)$; **d)** $9x^{2n-3}y^{2n-2}(5x^2y^3+4)$.

17. a) a^6; **b)** $\frac{1}{a}$; **c)** b^{x-2}; **d)** $\frac{1}{m^{p-4}}$; **e)** x^{2a}; **f)** $\frac{1}{y^{2b}}$; **g)** u^{2x+y};
h) a^5; **i)** $\frac{1}{x^2}$; **k)** -27; **l)** a^4; **m)** $-a^2$; **n)** x^{p-q} oder 1 oder $\frac{1}{x^{q-p}}$,
je nachdem $p \gtreqless 1$.

20. a) $\frac{1}{81}$; **b)** 8; **c)** 1; **d)** $\frac{3}{5}$; **e)** $\frac{4}{25}$; **f)** 1; **g)** $\frac{1}{2^n}$; **h)** $\frac{1}{a^n}$;
i) $\left(\frac{b}{a}\right)^3$; **k)** $\left(\frac{b}{a}\right)^x$; **l)** $\frac{1}{9}$; **m)** $-2\frac{10}{27}$.

21. a) x^{p-4}; **b)** x^{4-p}; **c)** a^{-4}; **d)** a^{-3x}; **e)** m^{3x-2y}; **f)** a^{p+q}; **g)** n^{2b-2c};
h) p^{-2m-2n}; **i)** a^4.

22. a) z^{-a-3b}; **b)** $n^0 = 1$; **c)** a^{v-u}; **d)** x^{y-3z-4}; **e)** a^{5-2x}.

24. a) ab; **b)** x^{-2a}; **c)** x^{-2}; **d)** a^{-3}; **e)** x^4; **f)** $a^{-2}b^5$; **g)** a^3b^3;
h) $x^{-3}y^{2q}z^{2r+1}$; **i)** $a^{-2}b^{-7}c^{-3x}$.

25. a) für $n = 2$ und 4 nicht; für $n = 3$ und 5 s. I § 9, A. 8; **b)** für $n = 2, 3, 4, 5$ nicht; **c)** für $n = 3$ und 5 nicht; für $n = 2$ und 4 s. I § 9, A. 8; **d)** für $n = 2, 3, 4, 5$ s. I § 9, A. 8.

26. a) $a^{2n-3} - a^{2n-4} + a^{2n-5}$; **b)** $x^{a+2b}y^{2c} + x^a$; **c)** $x^n - 3x^{n-1} + 4x^{n-2}$;
d) $a^m - b^n$.

28. a) 100 000; **b)** 1 000 000; **c)** 16; **d)** $\frac{1}{64}$; **e)** 100 000; **f)** $\frac{8}{125}$;
g) $10\,000\,000\,x^7y^7$; **h)** $\frac{32a^5}{243}$; **i)** 6^n; **k)** $11\frac{25}{64}$; **l)** b^2.

29. **a)** $\frac{1}{36}$; **b)** $\frac{1}{27}$; **c)** $\left(\frac{d}{a}\right)^4$; **d)** 1; **e)** $\frac{1}{28}$; **f)** -1; **g)** $\frac{1}{4}$.

31. **a)** $9\,a^2b^2$; **b)** $108\,a^2b^3$; **c)** $128\,a^5b^5$; **d)** $x^{2n-1}y^{2n+1}z^{2n}$; **e)** $49\frac{7}{9}$; **f)** $12\frac{4}{5}$; **g)** $1\frac{7}{9}\,xy$; **h)** $5\frac{1}{3}\,a$; **i)** $\frac{a^2}{8}$; **k)** $\frac{9\,b}{80\,a}$.

32. **a)** $\frac{1}{24}\,a^{-4}b^{-4}$; **b)** $\frac{3}{32}\,x^{-2}y^{-2}$; **c)** $2\,x^{-1}y$.

34. **a)** 10000; **b)** 512; **c)** $\frac{1}{81}$; **d)** $1\frac{61}{64}$; **e)** 1024; **f)** $\frac{8}{27}$; **g)** $\frac{243\,a^5}{32\,x^5}$; **h)** $15\frac{5}{8}$; **i)** $\frac{x^2(a-b)^2}{y^2}$; **k)** $(2\,a+3\,b)^x$.

35. **a)** $\frac{1}{8}$; **b)** $1\frac{1}{8}$; **c)** $\frac{256\,q^4}{81\,p^4}$.

37. **a)** $\frac{32}{243}$; **b)** $\frac{27}{64}$; **c)** $3\frac{13}{81}$; **d)** $\frac{16\,a^4}{81\,b^4}$; **e)** $\frac{a^3bc}{d^5}$; **f)** xy; **g)** $\frac{48\,a^3}{25\,b^2c}$; **h)** $\frac{yz}{x^2}$; **i)** $\frac{a^{x-8}}{b^{x-8}}$; **k)** $\frac{p^n\cdot r^{m-2n}}{q^{m-n}}$.

38. **a)** $2\frac{7}{9}$; **b)** $\frac{16}{81}$; **c)** $\frac{a^2}{bc}$; **d)** $\frac{256\,b^5}{6561\,a^5}$; **e)** $\frac{125\,x}{108\,y}$.

40. **a)** 4096; **b)** x^{15}; **c)** a^{3x}; **d)** p^{4a}; **e)** $-a^6$; **f)** a^6; **g)** $a^{12}b^8$; **h)** $a^{3m}b^{3n}$; **i)** $125\,a^6b^3$; **k)** $2\frac{1}{4}\,a^6b^8$; **l)** $-125\,a^{3n}b^6$.

41. **a)** $\frac{x^6y^4}{m^8n^{10}}$; **b)** $\frac{9\,a^4b^8}{25\,x^2y^6}$; **c)** $2\frac{2}{3}\,a^7$; **d)** $\frac{5\,x^2}{27\,y^2}$; **e)** $54\,a^8$; **f)** $\frac{2\,a^2}{81\,b^2}$; **g)** $\frac{4}{45}\,a^2b^{2x-8}c^{p+5}$; **h)** $\frac{81\,u^2}{4000000\,v^{15}}$.

42. **a)** a^{-6}; **b)** m^{12}; **c)** $a^{-4}b^2c^6$; **d)** -729; **e)** 64; **f)** $\frac{x^{-4}p^6}{y^8q^{-2}}$; **g)** $\frac{3\,ac^5}{16\,b^{12}}$.

43. s. Formelsammlung.

44. **a)** $x^3+3\,x^2y+3\,xy^2+y^3$; **b)** $u^4-4\,u^3v+6\,u^2v^2-4\,uv^3+v^4$; **c)** $8\,a^3+36\,a^2b+54\,ab^2+27\,b^3$; **d)** $27\,a^6-54\,a^4b^2+36\,a^2b^4-8\,b^6$; **e)** $\frac{1}{8}\,a^3-\frac{1}{2}\,a^2b+\frac{2}{3}\,ab^2-\frac{8}{27}\,b^3$; **f)** $x^4-8\,x^3y+24\,x^2y^2-32\,xy^3+16\,y^4$; **g)** $\frac{1}{81}\,a^4+\frac{2}{27}\,a^3b+\frac{1}{6}\,a^2b^2+\frac{1}{6}\,ab^3+\frac{1}{16}\,b^4$; **h)** $\frac{a^5}{x^5}+5\,\frac{a^4}{bx^3}+10\,\frac{a^3}{b^2x}+10\,\frac{a^2x}{b^3}+5\,\frac{ax^3}{b^4}+\frac{x^5}{b^5}$; **i)** $a^{10}-5\,a^8b^3+10\,a^6b^6-10\,a^4b^9+5\,a^2b^{12}-b^{15}$; **k)** $a^6x^6-3\,a^5bx^4+3\frac{3}{4}\,a^4b^2x^2-2\frac{1}{2}\,a^3b^3+\frac{15\,a^2b^4}{16\,x^2}-\frac{3\,ab^5}{16\,x^4}+\frac{b^6}{64\,x^6}$.

§ 2. Wurzeln.

3. **a)** 3; **b)** 12; **c)** 25; **d)** 1; **e)** 0; **f)** $1\frac{1}{4}$; **g)** $2\frac{1}{2}$; **h)** 1,3; **i)** 0,3; **k)** 0,4; **l)** 0,02.

4. **a)** 25; **b)** 0,36; **c)** 5; **d)** $5\sqrt{5}$; **e)** 49.

5. **a)** 6; **b)** 10; **c)** 17; **d)** 0,57.

6. **a)** $2{,}23 < \sqrt{5} < 2{,}24$; **b)** $3{,}16 < \sqrt{10} < 3{,}17$; **c)** $9{,}64 < \sqrt{93} < 9{,}65$; **d)** $15{,}32 < \sqrt{235} < 15{,}33$; **e)** $2{,}52 < \sqrt{6{,}4} < 2{,}53$; **f)** $9{,}30 < \sqrt{86{,}53} < 9{,}31$.

8. **a)** 2; **b)** 4; **c)** 2; **d)** 3; **e)** $\frac{2}{3}$; **f)** -2; **g)** -3; **h)** -2; **i)** 0,2; **k)** 0,01.

9. **a)** a; **b)** 8; **c)** 81; **d)** 7; **e)** a; **f)** z; **g)** $a\sqrt{a}$; **h)** a^2; **i)** $p\sqrt[3]{p}$; **k)** u.

10. **a)** a; **b)** a^3; **c)** a^8; **d)** 4; **e)** m; **f)** m^9; **g)** y; **h)** 5; **i)** c.

11. **a)** $2{,}6 < \sqrt[3]{19} < 2{,}7$; **b)** $4{,}6 < \sqrt[3]{100} < 4{,}7$; **c)** $2{,}3 < \sqrt[3]{12{,}5} < 2{,}4$; **d)** $5{,}6 < \sqrt[4]{1000} < 5{,}7$.

13. **a)** 8; **b)** 9; **c)** 6; **d)** 3; **e)** 4; **f)** $\frac{1}{2}$; **g)** 1; **h)** $1\frac{1}{2}$; **i)** 12; **k)** 10; **l)** 0,4; **m)** 0,2; **n)** 0,4.

14. **a)** a; **b)** b; **c)** a.

15. **a)** $\sqrt{a^2 b}$; **b)** $\sqrt{45}$; **c)** $\sqrt[3]{32}$; **d)** $\sqrt{6}$; **e)** $\sqrt[3]{50}$; **f)** $\sqrt{a x}$; **g)** $\sqrt[3]{a^6 b^2}$; **h)** $\sqrt{a n}$; **i)** $\sqrt[x]{a^{x+1}}$; **k)** $\sqrt{12 x}$;

17. **a)** $5x$; **b)** $12ab$; **c)** $17xyz$; **d)** $4a$; **e)** $2mnp$; **f)** $\frac{2}{3}x^3$; **g)** $1\frac{1}{2}a^8$; **h)** $1\frac{1}{2}m^5$; **i)** abx.

18. **a)** 75; **b)** 112; **c)** 135; **d)** 165; **e)** 234.

19. **a)** $4a$; **b)** $4a$; **c)** $\sqrt{x}$; **d)** $3ax$; **e)** x^2; **f)** $5a^2$.

20. **a)** $4\sqrt{a}$; **b)** $4\sqrt[3]{x}$; **c)** $15\sqrt[4]{n}$; **d)** $3\sqrt[3]{y}$; **e)** $2\frac{1}{4}\sqrt[3]{z^2}$.

21. **a)** $4\sqrt{2}$; **b)** $3\sqrt{3}$; **c)** $3\sqrt[3]{2}$; **d)** $5\sqrt[3]{3}$; **e)** $2\sqrt{2a}$; **f)** $6\sqrt{2x}$; **g)** $5a\sqrt{2}$; **h)** $4x\sqrt[3]{2}$; **i)** $a\sqrt{a}$; **k)** $a^4\sqrt{a}$; **l)** $3ax^2\sqrt{3x}$; **m)** $2ab^3\sqrt[3]{2ab^2}$.

22. **a)** 38; **b)** -114; **c)** $-1\frac{1}{6}\sqrt{3}$; **d)** $-6\sqrt{15} - 6\sqrt{2}$.

23. **a)** $3\sqrt{2} - 2\sqrt{3} + 6 - 2\sqrt{6}$; **b)** $72\sqrt{2} - 102$; **c)** $-24 - 18\sqrt{6}$; **d)** $90\sqrt{5} - 144 - 90\sqrt{10} + 144\sqrt{2}$; **e)** $3\sqrt{2} - 16 + 4\sqrt{15} - \sqrt{30}$; **f)** $-34 + 6\sqrt{6} - 12\sqrt{15} + 18\sqrt{10}$.

24. **a)** 1; **b)** -30; **c)** $9 + 6\sqrt{2}$; **d)** $21 - 14\sqrt{2}$; **e)** $3\frac{1}{6} + 1\frac{1}{3}\sqrt{3}$;

f) $a - b$; **g)** $x + 2\sqrt{xy} + y$; **h)** $x - 2\sqrt{xy} + y$; **i)** $9a - 16b$; **k)** $\frac{4}{9}x - \sqrt{xy} + \frac{9}{16}y$.

25. a) $\frac{1}{2}\sqrt{2}$; **b)** $\frac{3}{5}\sqrt{5}$; **c)** $2\sqrt{6}$; **d)** $\frac{5}{6}\sqrt{2}$; **e)** $\frac{3}{5}\sqrt{7}$; **f)** $\frac{1}{a}\sqrt{a}$; **g)** $\frac{a}{b}\sqrt{b}$; **h)** $\frac{a\sqrt{x}}{bx}$.

26. a) $\sqrt{2} - 1$; **b)** $2(\sqrt{5} + 1)$; **c)** $-2(1 + \sqrt{3})$; **d)** $3(2 - \sqrt{3})$; **e)** $\sqrt{5} + 2$; **f)** $-\frac{7 + 4\sqrt{7}}{9}$; **g)** $\frac{3\sqrt{2}(2\sqrt{3} - 1)}{11}$; **h)** $2(\sqrt{6} - \sqrt{5})$; **i)** $\frac{5\sqrt{2} - 2\sqrt{5}}{3}$; **k)** $2 + \sqrt{3}$; **l)** $2\sqrt{15} + 4\sqrt{3}$; **m)** $\frac{18 + 13\sqrt{2}}{14}$; **n)** $4\sqrt{3} - 7$; **o)** $5 + 2\sqrt{6}$.

28. a) 8; **b)** 3; **c)** $\frac{1}{2}$; **d)** $\frac{1}{2}$; **e)** $\frac{2}{3}$; **f)** 3; **g)** $\frac{1}{7}$; **h)** $1\frac{1}{2}$; **i)** $5\sqrt{2}$; **k)** $3\sqrt[3]{3}$.

29. a) a; **b)** a^2c^3; **c)** a; **d)** x; **e)** a; **f)** $a\sqrt[5]{a}$; **g)** $a\sqrt[x]{a^2}$; **h)** $\frac{a}{\sqrt[n]{a^{15}}}$; **i)** $\sqrt{a+b}$.

31. a) $\frac{12}{17}$; **b)** $1\frac{9}{16}$; **c)** $\frac{a}{\sqrt[3]{b}}$; **d)** $\frac{1}{b}\sqrt[3]{a}$; **e)** $\frac{a^3}{b^2}$; **f)** $\frac{a^2b}{xy^3}$; **g)** $\frac{\sqrt[n]{ab}}{\sqrt[n]{c}}$; **h)** $\frac{ab}{cd}\sqrt[n]{\frac{ab^2}{c^3d^4}}$.

32. a) $\frac{1}{2}\sqrt{2}$; **b)** $\frac{1}{3}\sqrt{6}$; **c)** $\frac{2}{5}\sqrt{5}$; **d)** $\frac{1}{2}\sqrt[3]{4}$; **e)** $\frac{1}{5}\sqrt[3]{75}$; **f)** $\frac{3}{7}\sqrt{14}$; **g)** $\frac{1}{4}\sqrt{10}$; **h)** $\frac{1}{9}\sqrt{6}$; **i)** $\frac{1}{2}\sqrt[3]{6}$; **k)** $\frac{1}{3}\sqrt[3]{15}$; **l)** $\frac{1}{6}\sqrt{ab}$; **m)** $\frac{1}{y^2}\sqrt{xy}$.

34. a) 64; **b)** 32; **c)** 27; **d)** 16; **e)** 4; **f)** $5\sqrt{5}$; **g)** $x^2\sqrt{x}$; **h)** $a^4\sqrt[3]{a^2}$; **i)** $z^3\sqrt[5]{z^3}$; **k)** $x^7\sqrt{x}$; **l)** $a^2b^7c^5\sqrt{ab}$; **m)** $x^4y^2z^9\sqrt[3]{x^2yz}$; **n)** $\frac{ab^4}{c^7}\sqrt{\frac{ab}{c}}$.

35. a) $128\sqrt{2}$; **b)** $9\sqrt[3]{4}$; **c)** $8\sqrt[5]{27}$; **d)** $8\sqrt[4]{27}$.

37. a) $\sqrt{3}$; **b)** $\sqrt[5]{5}$; **c)** $\sqrt[3]{9}$; **d)** $\sqrt[4]{4}$.

38. a) $\sqrt[n]{x}$; **b)** $\sqrt[b]{p^2}$; **c)** $\sqrt[9]{a^2b^3}$; **d)** $b\sqrt[6]{a}$; **e)** $b^2\sqrt[3]{a}$.

39. a) $\sqrt{5}$; **b)** $\sqrt{2}$; **c)** $\sqrt{2}$; **d)** $\sqrt[5]{3}$.

41. **a)** $\sqrt[6]{x^4}$; **b)** $\sqrt[6]{a^3}$; **c)** $\sqrt[6]{x^4y^2}$; **d)** $\sqrt[6]{a^3b^9}$.

42. **a)** $\sqrt[3]{a^2}$; **b)** $\sqrt[5]{x^4}$; **c)** $b\sqrt{b}$; **d)** $\sqrt{b}$; **e)** $a\sqrt{a}$; **f)** $\sqrt[2x]{a^{3y}}$; **g)** $a\sqrt{a}$.

43. **a)** $\sqrt[6]{a^7} = a\sqrt[6]{a}$; **b)** $\sqrt[4]{x^{13}} = x^3\sqrt[4]{x}$; **c)** $\sqrt[12]{p^9} = \sqrt[4]{p^3}$; **d)** $\sqrt[6]{32}$;
e) $\sqrt[6]{9^7} = 9\sqrt[3]{3}$.

44. **a)** $\sqrt[6]{a^5}$; **b)** $\sqrt[12]{x}$; **c)** $\sqrt[6]{x^5}$; **d)** $\sqrt[6]{2}$; **e)** $\sqrt[6]{\frac{2}{27}}$.

46. **a)** x^3; **b)** a^9; **c)** a^3; **d)** $x^{\frac{3}{5}}$; **e)** $a^{\frac{2}{3}}$; **f)** $y^{\frac{1}{3}}$; **g)** $z^{\frac{1}{2}}$; **h)** $6^{\frac{1}{2}}$; **i)** $3^{\frac{1}{2}}$.

47. **a)** $\sqrt[3]{a^2}$; **b)** $\sqrt{x}$; **c)** $z\sqrt[3]{z}$; **d)** $\frac{1}{\sqrt{y}}$; **e)** $\frac{1}{\sqrt[4]{b^3}}$; **f)** 4; **g)** $\frac{1}{2}$; **h)** $5\sqrt{5}$.

49. **a)** $2^{\frac{13}{12}} = 2\sqrt[12]{2}$; **b)** $3^{\frac{1}{6}} = \sqrt[6]{3}$; **c)** $4^{\frac{1}{12}} = \sqrt[6]{2}$; **d)** $3^{-\frac{5}{4}} = \frac{1}{3\sqrt[4]{3}}$;
e) $a^{-\frac{5}{12}} = \frac{1}{\sqrt[12]{a^5}}$; **f)** $x^{\frac{11}{12}} = \sqrt[12]{x^{11}}$.

50. **a)** $3^{\frac{3}{10}} = \sqrt[10]{27}$; **b)** $5^{\frac{3}{2}} = 5\sqrt{5}$; **c)** $4^{-\frac{5}{4}} = \frac{1}{4\sqrt{2}}$; **d)** $a^{\frac{1}{12}} = \sqrt[12]{a}$.

51. **a)** $6^{\frac{1}{3}} = \sqrt[3]{6}$; **b)** $8^{\frac{1}{2}} = 2\sqrt{2}$; **c)** $125^{\frac{1}{3}} = 5$; **d)** $64^{\frac{1}{4}} = 2\sqrt{2}$.

52. **a)** $4^{\frac{1}{2}} = 2$; **b)** $125^{\frac{1}{3}} = 5$; **c)** $32^{-\frac{2}{3}} = \frac{1}{8\sqrt[3]{2}}$; **d)** $16^{\frac{3}{4}} = 8$.

53. **a)** $a^{\frac{1}{2}} = \sqrt{a}$; **b)** $x^{-\frac{3}{2}} = \frac{1}{x\sqrt{x}}$; **c)** $4^{-2} = \frac{1}{16}$; **d)** $2^2 = 4$.

54. **a)** 47; **b)** 29; **c)** 59; **d)** 5,8; **e)** 940; **f)** 0,82; **g)** 0,028; **h)** 2800.

55. **a)** 126; **b)** 3,18; **c)** 90,7; **d)** 1353; **e)** 0,8405; **f)** 80,38; **g)** 731,5;
h) 4,629; **i)** 27059; **k)** 74929; **l)** 3,04005.

56. **a)** 1,73205; **b)** 2,23607; **c)** 3,16228; **d)** 3,1305; **e)** 0,949;
f) 1,2649; **g)** 3,92; **h)** 1,77; **i)** 0,523.

57. **a)** $3a + 4b$; **b)** $5u - 3v$; **c)** $\frac{1}{2}x - \frac{2}{3}y$; **d)** $0{,}2\,m + 0{,}3\,n$.

58. **a)** $3a - 4b + 5c$; **b)** $5p + 6q - 9r$; **c)** $\frac{2}{3}x - \frac{3}{4}y - \frac{1}{2}z$;
d) $1\frac{1}{2}u - 1\frac{2}{3}v + 1\frac{1}{5}w$.

59. **a)** 13; **b)** 19; **c)** 6,4; **d)** 0,16; **e)** 0,87; **f)** 114; **g)** 144.

60. **a)** 78; **b)** 93; **c)** 28; **d)** 8.

62. **a)** $4i$; **b)** $5i$; **c)** $13i$; **d)** ai; **e)** $3xi$; **f)** $12x^3i$.

63. **a)** $2i\sqrt{2}$; **b)** $4i\sqrt{2}$; **c)** $7i\sqrt{3}$; **d)** $5i\sqrt{5}$; **e)** $6i\sqrt{7}$; **f)** $4i\sqrt{3}$;
g) $54i\sqrt{7}$; **h)** $4ai\sqrt{6}$; **i)** $4i\sqrt{5x}$.

64. **a)** 0; **b)** $-12\,i\sqrt{3}$; **c)** $1\frac{1}{6}\,i\sqrt{6}-1\frac{1}{4}\,i\sqrt{5}$; **d)** $32\,i\sqrt{x}-23\,xi\sqrt{2}$.
67. **a)** -4; **b)** -10; **c)** -8; **d)** $-\sqrt{a\,b}$.
68. **a)** $26-7\,i$; **b)** $-9-48\,i$; **c)** $4\frac{3}{8}+2\frac{1}{2}\,i$; **d)** $-109-38\,i$.
69. **a)** $-11+60\,i$; **b)** $-65-72\,i$; **c)** $1\frac{29}{36}+2\,i$; **d)** $2\frac{139}{225}-1\frac{1}{3}\,i$;
e) $a^2+2\,a\,b\,i-b^2$; **f)** $u^2-2\,u\,v\,i-v^2$; **g)** 34; **h)** 85; **i)** a^2+b^2.
70. **a)** $-46-9\,i$; **b)** $18+26\,i$; **c)** $-7-24\,i$; **d)** $120\,i-119$.
71. **a)** $\frac{3\,(2-3\,i)}{13}$; **b)** $\frac{8\,(3+i)}{5}$; **c)** $\frac{3\,i-1}{4}$; **d)** $\frac{9\,i+2}{5}$.
72. **a)** $\frac{2-11\,i}{10}$; **b)** $\frac{-3\,(1+18\,i)}{5}$; **c)** $\frac{40\,i-9}{41}$; **d)** $-26\,i$.

§ 3. Logarithmen.

3. **a)** 5; **b)** —2; **c)** 8; **d)** 0; **e)** 1; **f)** —1; **g)** 10; **h)** —5.
4. **a)** 3; **b)** 5; **c)** 7; **d)** 1; **e)** 0; **f)** —2; **g)** —4; **h)** —6.
5. **a)** 3; **b)** —1; **c)** 5; **d)** 0; **e)** —2; **f)** 7; **g)** —4.
6. **a)** 2; **b)** 1; **c)** 4; **d)** 6; **e)** 0; **f)** —1; **g)** —3; **h)** —5.

7.

2	1
4	2
8	3
16	4
32	5
64	6
128	7
256	8
512	9
1024	10
2048	11
4096	12
8192	13
16384	14
32768	15
65536	16
131072	17
262144	18
524288	19
1048576	20

a) 8192; **b)** 1048576;
c) 512; **d)** 32;
e) 16384; **f)** 262144;
g) 128; **h)** 32.

8.

Num.	Log.
390625	8
78125	7
15625	6
3125	5
625	4
125	3
25	2
5	1
1	0
0,2	—1
0,04	—2
0,008	—3
0,0016	—4
0,00032	—5
0,000064	—6
0,0000128	—7
0,00000256	—8

a) $4<\log 948<5$;
b) $7<\log 90846<8$;
c) $-2<\log \frac{1}{8}<-1$;
d) $-3<\log \frac{3}{89}<-2$;
e) $-2<\log 0{,}07<-1$;
f) $-5<\log 0{,}0009<-4$.

9. **a)** $2<\log 643<3$;
b) $1<\log\ 16<2$;
c) $3<\log 8264{,}7<4$;
d) $-2<\log 0{,}04<-1$;
e) $-4<\log 0{,}00056<-3$;
f) $-5<\log 0{,}00009<-4$.

10. $10^{x} = 3$	$0 < x < 1$		
$10^{2x} = 9$	$0 < 2x < 1$	0	$< x < 0{,}5$
$10^{4x} = 81$	$1 < 4x < 2$	$0{,}25$	$< x < 0{,}5$
$10^{8x} = 6561$	$3 < 8x < 4$	$0{,}375$	$< x < 0{,}5$
$10^{16x} = 43046721$	$7 < 16x < 8$	$0{,}4375$	$< x < 0{,}5$
$10^{32x} = 185302018$ (+ 7 Stellen)	$15 < 32x < 16$	$0{,}46875$	$< x < 0{,}5$
$10^{64x} = 343368379$ (+ 22 Stellen)	$30 < 64x < 31$	$0{,}46875$	$< x < 0{,}484375$
$10^{128x} = 62$ Ziffern	$61 < 128x < 62$	$0{,}4765625$	$< x < 0{,}484375$

12) 1,4771; 3,4771; 6,4771; 0,4771 — 1; 0,4771 — 3; 0,4771 — 5.
13) 1,5775; 4,5775; 0,5775 — 2; 2,5775; 0,5775 — 4.
14) 3; 2; 1; 0; — 1; — 2; — 4.
15*). **a)** 0,9542 (0,95424); **b)** 1,5798 (1,57978); **c)** 2,4216 (2,42160); **d)** 1,2253 (2,89520); **e)** 1,6325 (1,86380); **f)** 0,6021 — 1 (0,91561); **g)** 0,7482 — 2 (0,60206 — 1); **h)** 0,8943 — 1 (0,74819 — 2); **i)** 0,4654 — 3 (0,92397 — 1); **k)** — (0,47842 — 3).
16. **a)** 69,3 (91,33); **b)** 18900 (58890); **c)** 107 (104,2); **d)** 5,02 (6,345); **e)** 0,821 (0,1149); **f)** 0,00122 (0,007741).
19. **a)** 1,1729 (1,17295); **b)** 0,4836 — 1 (0,48355 — 1); **c)** 2,9083 (2,90834) **d)** 0,4324 (0,43230); **e)** 5,6835 (5,68352); **f)** 0,3259 — 2 (0,32601 — 2); **g)** 0,6273 (0,62722); **h)** 0,8538 — 3 (0,85374 — 3).
20. **a)** 1,716 (1,7162); **b)** 1409 (1408,6); **c)** 20770 (20772); **d)** 0,03162 (0,031623); **e)** 19,87 (19,843); **f)** 2512 (2511,9); **g)** 0,1059 (0,10588); **h)** 154,9 (154,88).
21. **a)** 14,33 (14,325); **b)** 362,4 (362,22); **c)** 2,076 (2,0758); **d)** 0,1627 (0,16273); **e)** 0,01321 (0,013212); **f)** 18 (17,995).
22. **a)** 1,712 (1,7117); **b)** 1,838 (1,8387); **c)** 12,99 (12,986); **d)** 0,5569 (0,556925); **e)** 0,3611 (0,36094); **f)** 0,07938 (0,079398).
24. **a)** 4,494 (4,4946); **b)** 0,03805 (0,03805); **c)** 1,035 (1,0346); **d)** 0,08316 (0,083145); **e)** 0,06707 (0,067061); **f)** 0,02987 (0,029877); **g)** 0,0755 (0,075488); **h)** 0,5006 (0,50054).
26. **a)** 10,15 (10,151); **b)** 5312 (5313,75); **c)** 0,0292 (0,029188); **d)** 0,002391 (0,0023912); **e)** 1,732 (1,732); **f)** 1,587 (1,5874); **g)** 1,774 (1,774); **h)** 0,9654 (0,9655); **i)** 2,086 (2,08585); **k)** 0,3771 (0,37708).
28. **a)** 1,862 (1,8614); **b)** 11,91 (11,912); **c)** 30,88 (30,872); **d)** 0,7454 (0,74536); **e)** 2,534 (2,5345); **f)** 0,4186 (0,4183); **g)** 71,22 (71,23); **h)** 1,892 (1,8924); **i)** 2,494 (2,4939); **k)** 0,80325 (0,80314); **l)** 0,2021 (0,20211); **m)** 0,1161 (0,11607).
29. **a)** 50,37 (50,377); **b)** 0,37 (0,36996); **c)** 15,97 (15,97); **d)** 0,7738 (0,77372).

---

*) Die Ergebnisse in den Klammern gelten im folgenden für die Rechnung mit fünfstelligen Logarithmen.

30. **a)** $c = 28{,}27$ (28,27) cm; $h = 10{,}5$ (10,498) cm; $p = 23{,}6$ (23,6) cm; $q = 4{,}67$ (4,67) cm; **b)** $c = 1{,}083$ (1,0833) m; $h = 0{,}5292$ (0,52944) m; $b = 0{,}6801$ (0,680375) m; **c)** $h = 0{,}8098$ (0,8099) dm; $a = 1{,}487$ (1,4869) dm; $b = 0{,}9657$ (0,96572) dm; **d)** $O = 154{,}28$ (154,306) qm; $d_1 = 8{,}711$ (8,7127) m; $d_2 = 8{,}024$ (8,0257) m; $d_3 = 5{,}97$ (5,9719) m; $D = 9{,}379$ (9,3805) m.

36*). **a)** 6; **b)** 7,82; **c)** 6,298; **d)** 8,954; **e)** 0,855; **f)** 6,728; **g)** 8,178.
37. **a)** 12; **b)** 27,65; **c)** 1,512; **d)** 112,4; **e)** 0,1613; **f)** 19,32.
38. **a)** 4,964; **b)** 1,373; **c)** 12,27; **d)** 6,048; **e)** 7,711; **f)** 11,1; **g)** 6,388.
39. **a)** 24; **b)** 39,29; **c)** 6,93; **d)** 60,88; **e)** 4,625.
40. **a)** 191,3 ccm; **b)** 397,3 qm; **c)** 3987 qcm.
41. **a)** 2; **b)** 1,595; **c)** 3,798; **d)** 0,1413; **e)** 0,3127; **f)** 0,177; **g)** 0,1429; **h)** 0,3183.
42. **a)** 0,75; **b)** 7,037; **c)** 0,0585; **d)** 0,1905; **e)** 5,151; **f)** 0,1429; **g)** 0,3183; **h)** 0,3448; **i)** 1,156.
43. **a)** 0,3198; **b)** 0,94; **c)** 32,95; **d)** 0,9378; **e)** 9,054.
44. **a)** 16,2 cm; **b)** 26,42 cm; **c)** 10,35 m.
45. **a)** 33,62; **b)** 0,1871; **c)** 10,73.
46. **a)** 19,12; 26,77; 40,74; 4,5; 0,6617 cm; **b)** 6,529; 9,995; 0,7003; 30,46 cm; **c)** 8,0; 3,055; 57,7 kg; **d)** 8,86; 11,15; 14,76 ℳ; **e)** 94,45; 155,6; 38,9 ℳ; **f)** 7,85 ℳ.
47. **a)** 10,16; 23,2; 6,56° R; 17,38; 9,124; 67,63° C; **b)** 9,276; 24,86; 3,024 km; 7,0075; 1,111; 0,5417; 0,4119 Seemeilen; **c)** 278,25; 186,5; 183,0; 179,2; 175,5; 171,8; 167,7; 164 km; 30,05; 20,14; 19,76; 19,36; 18,95; 18,55; 18,12; 17,71 km; 53,91, 80,44; 81,98; 83,7; 85,48; 87,34; 89,44; 91,48 Minuten; **d)** 958,8; 356,9; 16,79; 485,8 RM; 1,402; 0,9437; 0,2481 Pfd. Sterling; 6,73; 4,5295; 1,191 Dollar.
48. **a)** 13,8; 18,4; 20,7; 6,9; **b)** 5,6; 1,5; 7,9; 5,3.
49. **a)** 10,8; 7,2; 16,2; 12,6; **b)** 2,8; 1,0; 7,4; 4,4 Min. (oder Sek.).
50. **a)** 6,25; **b)** 3,027; **c)** 0,8834; **d)** 9,87; **e)** 1,141.
51. **a)** 6,964; **b)** 1,342; **c)** 1,772; **d)** 28,86; **e)** 91,26; **f)** 0,8367; **g)** 0,2646; **h)** 0,147; **i)** 10,11.
52. **a)** 3,651; **b)** 539,25; **c)** 5,839; **d)** 11,0.
53. **a)** 36,51; **b)** 4,759; **c)** 5,266; **d)** 0,6633; **e)** 28,07.
54. **a)** 2,586; **b)** 1,74; **c)** 1,39; **d)** 1,343.
55. **a)** 0,986; **b)** 2,721; **c)** 0,79925; **d)** 0,1814.
56. **a)** 99,2 qcm; **b)** 5,239 cm; **c)** 9508 ccm; **d)** 10,27 cm.

---

*) Die folgenden Rechenschieberaufgaben 36—57 sind hier ohne oder mit vierstelligen Logarithmen gerechnet worden, desgleichen die Exponentialgleichungen 58—65, die Divisionen der letzteren als abgekürzte Divisionen.

57)

$x =$	0,1	0,2	0,3	0,4	0,5	0,6	0,7	0,8
$\pm y =$	0,9139	1,292	1,583	1,8275	2,043	2,239	2,418	2,585
$x =$	0,9	1,0	1,1	1,2	1,3	1,4	1,5	1,6
$\pm y =$	2,741	2,89	3,031	3,165	3,295	3,419	3,539	3,655
$x =$	1,7	1,8	1,9	2,0	2,1	2,2	2,3	2,4
$\pm y =$	3,768	3,877	3,983	4,0865	4,1875	4,286	4,382	4,4765.

58. a) 5; **b)** 0,5; **c)** -1; **d)** 4; **e)** -4; **f)** 4; **g)** -6.

59. a) 5; **b)** $1\frac{3}{5}$; **c)** $\frac{3}{4}$; **d)** -10; **e)** $3\frac{1}{2}$; **f)** $1\frac{2}{3}$; **g)** 13; **h)** 24; **i)** 1.

60. a) 1,3617; **b)** $-0,2261$; **c)** $-0,6856$; **d)** 0,7907; **e)** 1,7171; **f)** $\frac{\log c - b}{a}$.

61. a) 2,402; **b)** 2,140; **c)** $-3,019$; **d)** 0,542; **e)** 26,12; **f)** $\frac{\log b}{\log a}$.

62. a) 1,692; **b)** $-23,755$; **c)** 0,585; **d)** $\frac{n \log b}{\log a}$.

63. a) 1,302; **b)** 0,042; **c)** 1,74; **d)** 0,0528; **e)** $\frac{\log c}{b \log a}$; **f)** $\frac{d \log c}{b \log a}$.

64. a) 5,482; **b)** $-4,856$; **c)** $-1,273$; **d)** $\frac{1}{b}\left(\frac{\log d}{\log a} - c\right)$;

e) $\frac{1}{b}\left(\frac{n \log d}{\log a} - c\right)$.

65. a) $-9,32$; **b)** 0,699; **c)** 7,277; **d)** $-0,327$; **e)** $\frac{f \log d - e \log a}{b \log a - e \log d}$.

III. Gleichungen.

§ 1. Gleichungen ersten Grades mit einer Unbekannten.

A.

1) 12; **2)** 18,6; **3)** $44\frac{1}{2}$; **4)** 1050 ℳ; **5)** 115,20 ℳ; **6)** 285 ℳ; **7)** 72°; **8)** 8,32 ℳ; **9)** 175 ℳ; **10)** 4,32 ℳ; **11)** $b - a$; **12)** $q - p$; **13)** $18a$; **14)** $11p$; **15)** -7; **16)** $-6a$; **17)** $\frac{3}{10}$; **18)** $-1\frac{1}{4}$; **19)** 7,644; **20)** $-1\frac{1}{6}$; **21)** $-1,68$; **22)** 48; **23)** 956; **24)** $99\frac{2}{3}$; **25)** 2 ℳ; **26)** 1000 ℳ; **27)** 274 ℳ; **28)** 52,60 ℳ; **29)** $b + a$; **30)** 18 m; **31)** $10\frac{1}{6}$; **32)** $6b + 4a$; **33)** 5,91; **34)** $39\frac{11}{42}$; **35)** 2879; **36)** 5,50 ℳ; **37)** $a - b$; **38)** $-8\frac{1}{2}$; **39)** 3,13; **40)** $-6a$; **41)** $-10,74$; **42)** $4a - 12b$; **43)** 14; **44)** $20\frac{3}{4}$; **45)** $-1,238$; **46)** $7b + 3a$; **47)** $10a - 10b$; **48)** $-4a + 3b - 9c$; **49)** $14m - 4n$; **50)** $-2p - 2q + 14r$; **51)** 11; **52)** 144; **53)** -45; **54)** $-13\frac{7}{12}$; **55)** $-1,3$; **56)** 43,8; **57)** $2b$; **58)** $2p$; **59)** $2b - 2c$; **60)** $-4p + 4q$

B.

61) 167; **62)** 119; **63)** 71; 142; **64)** 45°; 135°; **65)** 30°; 60°; 90°; **66)** 30°; 30°; 120°; **67)** 24°; 48°; 96°; 192°; **68)** 14,1 cm; 28,2 cm; **69)** $\frac{b}{a}$; **70)** $\frac{q}{p}$; **71)** $3\frac{2}{7}$; **72)** 0,7; **73)** $6a$; **74)** $a+b$; **75)** 6; **76)** 111; 69; **77)** 68° 17′; 111° 43′; **78)** 120°; 100°; 80°; 60°; **79)** 63° 30′; **80)** 72°; 36°; **81)** 11 cm; 23 cm; **82)** $\frac{4}{5}$; **83)** 13; **84)** $1\frac{1}{4}$; **85)** $-\frac{1}{48}$; **86)** 0,42; **87)** 3,2; **88)** $-\frac{7}{36}$; **89)** $-21{,}2$; **90)** $\frac{c-b}{a}$; **91)** $\frac{p-r}{q}$; **92)** $\frac{2b-4c}{a}$; **93)** $\frac{c}{a+b}$; **94)** 1; **95)** $a+b$; **96a)** 25 Pf; **96b)** 35 Pf; **97)** 12; **98)** $4\frac{3}{5}$; **99)** $12\frac{1}{2}$; **100)** $-6\frac{1}{4}$; **101)** 2; **102)** $\frac{d-b}{a-c}$; **103)** $\frac{r-p}{s-q}$; **104)** $\frac{1}{a+b}$; **105)** $1\frac{1}{2}$; **106)** 16 Pfund; **107)** 35 Pf; **108)** $4\frac{5}{6}$; **109)** $\frac{5}{7}$; **110)** $3\frac{4}{5}$; **111)** 7,65; **112)** 0; **113)** $-2a$; **114)** $-6\frac{3}{7}$; **115)** $4\frac{1}{2}$; **116)** $-\frac{3}{8}$; **117)** $\frac{b}{a}$; **118)** $\frac{2(a+b)}{3}$.

C.

119) 60; **120)** 507; **121)** 32; **122)** 40°, 60°, 80°; **123)** 72°; **124)** 144°; 72°; 36°; 108°; **125)** 300; 420; **126)** 80°; 100° (72°; 108°); **127)** 80 ℳ; 120 ℳ; 160 ℳ; **128)** 45°; 60°; 75°; **129)** 0,648 m; 0,972 m; **130)** ab; **131)** $\frac{bc}{a}$; **132)** 36; **133)** 20; **134)** 27900; **135)** 3; **136)** $\frac{ab}{a+1}$; **137)** $\frac{bc}{b-a}$; **138)** $\frac{2ab}{3}$; **139)** $\frac{12ab}{c}$; **140)** $2\frac{8}{11}ab$; **141)** 208; **142)** 1080; **143)** 300; **144)** 80°; 100°; **145)** 650 ℳ; 1350 ℳ; **146)** 11200 ℳ; *A* 3400 ℳ; *B* 1700 ℳ; *C* 5100 ℳ; *D* 1000 ℳ; **147)** *A* 1280 ℳ; *B* 840 ℳ; *C* 620 ℳ; *D* 510 ℳ; **148)** $(c-b)a$; **149)** $\frac{(d+c)b}{a}$; **150)** 72; **151)** -30; **152)** $-\frac{3}{7}$; **153)** $26\frac{2}{3}$; **154)** 4; **155)** $2\frac{1}{4}$; **156)** $-27\frac{1}{2}a$; **157)** $\frac{ab(d+c)}{a+b}$; **158)** $-(a+c)$; **159)** $\frac{1}{a}$; **160)** $2a-3b$; **161)** $\frac{-6mn}{m+n}$.

D.

162) 17; **163)** $2\frac{7}{9}$; **164)** $\frac{a}{b}$; **165)** $\frac{a}{c-b}$; **166)** $\frac{a+b}{c}$; **167)** $\frac{1}{3}$; **168)** $\frac{1}{3}$; **169)** $-\frac{a}{2}$; **170)** $\frac{b-a}{b+a}$; **171)** 1; **172)** 5; **173)** $\frac{5}{6}$; **174)** $\frac{4}{7}$;

175) 2; **176)** $2a$; **177)** -5; **178)** $\frac{p+q}{2}$; **179)** 0; **180)** $\frac{1}{2}$; **181)** $\frac{1}{23}$; **182)** $\frac{a^2+b^2}{2b}$;

E.

183. a) 7,49 kg; **b)** 7,25 · p ℳ; **c)** $5\frac{1}{3}\,n$ Ar; **d)** $\frac{a}{100} \cdot p$ km; **184)** 2180 ha; **185)** 2,98|%; **186)** 130,4|kg; 5,88 ℳ; **187)** 0,89|%; **188)** 360 ℳ; 120 Pfund; **189)** 24,53|ℳ; **190)** 11,32|%; **191)** 22%; **192)** 48 ℳ; **193)** 16,56|%; **194)** 3%; **195)** 350 ℳ; **196)** + 0,12|%; + 1,11|%; — 1,42|%; + 0,19|%; **197. a)** 36,18 ℳ; **b)** 31 · p ℳ; **c)** $\frac{7k}{240}$ ℳ; **d)** $\frac{k \cdot p\,n}{100 \cdot 360}$ ℳ; **198)** 560 ℳ $\left(\frac{100a}{p \cdot n}\right.$ ℳ$\left.\right)$; **199)** 1200 ℳ $\left(\frac{1200\,k'}{1200 + p \cdot n}\right.$ ℳ$\left.\right)$; **200)** 3 Jahre $\left(\frac{100a}{kp}\right.$ Jahre$\left.\right)$; **201)** 1 Jahr $\left(\frac{100\,(k'-k)}{kp}\right.$ Jahre$\left.\right)$; **202)** 4% $\left(\frac{1200a}{kn}\,\%\right)$; **203)** 4000 ℳ; **204)** 4%; **205)** 8000 ℳ; **206)** 11360,95|ℳ; **207)** 7368,67|ℳ + 14092,16|ℳ = 21460,83|ℳ; **208)** 8 Mon. 10|Tage; **209)** 11 Mon.; **210. a)** 26,25 g; **b)** $\frac{133a}{200}$ kg; **c)** $\frac{ab}{1000}$ g; **d)** 57,8 l; **e)** $\frac{23a}{50}$ l; **f)** $\frac{ab}{100}$ l; **211)** 731,5|; **212)** 706,6|; **213)** 74,79%; **214)** 0,938 kg; **215)** 26 g.

F.

216) $s = c \cdot t$; **217)** $6^h\,20^m$; 15 km in der Stunde; **218)** 48 km; $6^h\,3^m$; **219. a)** nach $3\frac{1}{2}$ Stunden, 14 km vom ersten Ort; **b)** nach $4\frac{1}{2}$ Std. vom Abgang des ersten Freundes und 18 km vom ersten Ort; **220. a)** $4\frac{1}{12}$; $4\frac{7}{12}$ km; **b)** 4; $4\frac{2}{3}$ km; **221. a)** $16^m\,50^s$ nach 8^{37}; 10,1 km von A; **b)** 16^m nach 8^{37}; 8 km von A; **222)** $15\frac{3}{4}$ km; **223)** $9^h\,16^m$; 1,2 km von B; **224)** der Treffpunkt würde 3,6 km von B liegen; also nein; **225. a)** nach $65\frac{5}{11}^m$; **b)** nach $130\frac{10}{11}^m$; **226. a)** $32\frac{8}{11}^m$; $65\frac{5}{11}^m$; **b)** $24\frac{6}{11}^m$; $57\frac{3}{11}^m$.

G. Aufgaben aus der Physik.

227) Bei 8 m Länge, 5 m Breite und 3,5 m Höhe 175 kg; **228)** 0,278|cbm; **229)** 43,3|l; **230)** 0,92|; **231)** 0,88; **232)** 20; **233)** 36 cm; **234)** 15 cm (auf der erstgenannten Seite); **235)** 70 cm von dem Ende, wo 1,5 k hängen; **236)** 14 ccm; 11,5; **237)** 1,2; **238)** 0,82|; 31,2 g; **239)** 64 kg; **240)** 21g; **241)** 1,2 · v kg; **242)** 7000 kg; **243)** 7500 ccm; 24,3|cm; **244)** 15; **245)** 40; **246)** 20 cm; **247)** 30 cm; **248. a)** t^0 R = $\frac{5}{4}\,t^0$ C; t^0 F = $\frac{5}{9}\,(t - 32^0)$ C; **b)** t^0 C = $\frac{4}{5}\,t^0$ R; t^0 F = $\frac{4}{9}\,(t - 32^0)$ R; **c)** t^0 C = $(\frac{9}{5}\,t + 32)^0$ F; t^0 R = $(\frac{9}{4}\,t + 32)^0$ F; **249)** -40^0; **250)** 1,08 cm; **251)** 800^0; **252)** $39^0,5$

$\left(\frac{m_1 t_1 + m_2 t_2}{m_1 + m_2}\right)$; **253)** 30 l; **254)** 665°; **255)** 51 | °; **256)** 25 | °; **257)** 0,0036; **258)** 60 cm; 20 cm; **259. a)** 2,5 Amp.; 12,5; 50; 5; 32,5 Volt; **b)** 4 Amp.; 60; 80; 40; 40 Volt.

§ 2. Gleichungen ersten Grades mit mehreren Unbekannten.

A.

1) 2; 7; **2)** 3; 5; **3)** —8; —10; **4)** $-2\frac{2}{3}$; $-4\frac{1}{3}$; **5)** $\frac{2}{15}$; $-\frac{7}{15}$; **6)** $2\frac{1}{12}$; $-1\frac{2}{3}$; **7)** —2,8; 0; **8)** $\frac{d-b}{a-c}$; $\frac{ad-bc}{a-c}$; **9)** —17; —7; **10)** $2\frac{2}{3}$; $-6\frac{2}{3}$; **11)** 10,1; —11,4; **12)** $10\frac{2}{3}$; $2\frac{1}{9}$; **13)** 12; 14; **14)** $-6\frac{1}{3}$; $-6\frac{2}{3}$; **15)** $-1\frac{1}{5}$; $3\frac{3}{5}$; **16)** $-4\frac{4}{5}$; $-\frac{1}{5}$; **17)** —1; —1; **18)** 9; 2.

B.

19) 30; 15; **20)** 3,90 ℳ; 1,30 ℳ; **21. a)** $4\frac{1}{12}$ km; $5\frac{1}{12}$ km; **b)** 4 km; $4\frac{2}{3}$ km; **22)** 4; 3; **23)** 24; 7; **24)** 9; 13; **25)** 15; 9; **26)** $\frac{5c}{5a+b}$; $\frac{c}{5a+b}$; **27)** $\frac{b}{1-ac}$; $\frac{bc}{1-ac}$; **28)** $\frac{c+bm}{a-b}$; $\frac{c+am}{a-b}$; **29)** 0,21; 1,2; **30)** 10; 12; **31)** 24; 48; **32)** 5; 7; **33)** —2; —3; **34)** 5; —6; **35)** —4; —6; **36)** 90; 42; **37. a)** $1\frac{1}{4}$; $4\frac{1}{2}$; **b)** 0,36; 0,24.

C.

38. a) 7; 5; **b)** 12; —5; **c)** —9; —4; **39. a)** 22 m; 14 m; **b)** 148,7 Mill. km; 107,5 Mill. km; **40)** $\frac{1}{2}$; $\frac{1}{3}$; **41)** $2\frac{1}{4}$; $-3\frac{1}{2}$; **42)** 0,763; 2,502; **43)** $\frac{a+b}{2}$; $\frac{a-b}{2}$; **44)** a; $-b$; **45)** $4a+b$; $a-4b$; **46)** 13; 4; **47)** 0,35 ℳ; 0,27 ℳ; **48)** 12; 7; **49)** $\frac{2}{3}$; $\frac{3}{4}$; **50)** $-4\frac{1}{3}$; $-3\frac{1}{2}$; **51)** $\frac{b+d}{a+c}$; $\frac{bc-ad}{a+c}$; **52)** 4 ₰; 15 ₰; **53)** 4; —5; **54)** $2\frac{1}{2}$; $-1\frac{2}{3}$; **55)** 0,4; 0,3; **56)** $\frac{m-n}{a-c}$; $\frac{an-cm}{b(a-c)}$; **57)** 0,25 ℳ; 0,02 ℳ; **58)** 12; 20; **59)** $\frac{2}{3}$; $\frac{3}{4}$; **60)** 13; 25; **61)** 0,21; —1,4; **62)** $\frac{2c+d}{5a}$; $\frac{c-2d}{5b}$; **63)** 17; 4; **64)** 44 ₰; 36 ₰; **65)** 2,5; 4,4; **66)** $\frac{1}{3}$; $\frac{2}{5}$; **67)** 1,2; 3,4; **68)** 2; $\frac{1}{2}$; **69)** 0,7; 0,4; **70)** $\frac{2}{3}$; $\frac{3}{4}$; **71)** 5,2; 2,6; **72)** $\frac{cn-bp}{an-bm}$; $\frac{ap-cm}{an-bm}$; **73)** $\frac{3c+2d}{24a}$; $\frac{3c-2d}{36b}$; **74)** 36; 24; **75)** 12000 ℳ; 10000 ℳ; **76)** 1,5; —0,8; **77)** 16; 15; **78)** 18; 15; **79)** $5ac$; $2\frac{1}{4}bc$; **80)** 9; 4; **81)** 5; —9; **82)** $1\frac{1}{5}a$; $-\frac{2}{3}b$; **83)** 6; 8;

84) 6; 9; **85)** $\frac{a_1 b_2 - a_2 b_1}{b_2 c_1 - b_1 c_2}$; $\frac{a_2 b_1 - a_1 b_2}{a_2 c_1 - a_1 c_2}$; **86)** $\frac{a}{b} + a$; $\frac{b}{a} + b$; **87)** 8; $10\frac{1}{2}$; **88)** 15; 16; **89)** 10; 6; **90)** 63.

D.

91) 8 M., 6 Fr., 4 K.; **92)** 12; 14; 11; **93)** 286; **94)** 5; 3; 1; **95)** 1; 2; 3; **96)** 2; 7; 3; **97)** -4; 5; $-\frac{1}{2}$; **98)** 3; 10; -5; **99)** 4,5 cm; 6 cm; 9 cm; **100)** 36; 24; 18; **101)** $\frac{1}{2}$; $\frac{2}{3}$; $\frac{3}{4}$; **102)** 6 cm; 9 cm; 12 cm; **103)** 3; 2; 4; 5; **104)** $\frac{1}{2}$; $-\frac{1}{3}$; $\frac{1}{4}$; $-\frac{1}{5}$; **105)** 20; 15; 10; 25; **106. a)** 1; 19; 25; 28; **b)** 2; 14; 24; 34; **107)** $10\frac{3}{4}$; $17\frac{12}{17}$; $17\frac{5}{68}$; **108)** 11; 4; 5.

E. Aufgaben aus der Physik.

109) 0,88; 0,48; **110)** dem Volumen nach 75% Kupfer, 25% Zinn; dem Gewicht nach 78,53|% Kupfer, 21,47|% Zinn; **111)** 90 cm; 60 cm; **112)** 2 kg; 1,5 kg; **113)** 60 cm; 80 cm; **114)** 4,32 kg Marmor; 0,68 kg Kork; **115)** 34,8 g; 12 ccm; 2,9; **116)** 12; 7,2; **117)** 36 cm; 24 cm; **118)** 13,5 cm; 18 cm; **119)** 30 cm; 24 cm; 20 cm; **120)** 25 (80) cm; $26\frac{2}{3}$ $(83\frac{1}{3})$ cm; — 11; $\frac{3}{11}$ m; **121)** 2,10 m; 10,5 cm; **122)** 75 Ohm; $112\frac{1}{2}$ Volt; **123)** 36 Ohm; 144 Volt; **124. a)** 14,4 Amp., 9,6 Amp.; **b)** $\frac{2}{5}$ Amp.; $\frac{4}{15}$ Amp.

§ 3. Quadratische Gleichungen mit einer Unbekannten.

A. Reine quadratische Gleichungen.

1) ± 87; **2)** 65 m; **3)** ± 66; **4)** $\pm(a+b)$; **5)** $\pm(2a-3b)$; **6)** ± 39462; **7)** $\pm 11,77$|; **8)** ± 75; **9)** 63 m; **10)** ± 36; **11)** ± 7; **12)** ± 8; **13)** ± 12; **14)** ± 4; **15)** ± 5; **16)** $\pm 31,765$|; **17)** $\pm 4,128$|; **18)** ± 27; **19)** 15 cm; **20)** 4,5 m; 6 m; **21)** ± 12; **22)** 37 m; **23. a)** ± 25; **b)** $\pm 1,35$; **24)** ± 7; **25)** ± 2; **26)** $\pm\sqrt{\frac{b^2-a^2}{3}}$; **27)** ± 6; **28)** ± 7; **29)** $\pm\frac{1}{12}$; **30)** $\pm\sqrt{-ab}$; **31)** ± 8; **32)** $\pm 130,28$|.

B. Gemischte quadratische Gleichungen ohne absolutes Glied.

33) 0; $-a$; — 0; $\frac{b}{a}$; **34)** 0; 5; **35)** 0; $\frac{4}{3}$; **36)** 20 cm und 5 cm; **37)** 0; a; **38)** 0; $a-b$; **39)** 0; $\frac{1}{4}$; **40)** 0; 25; **41)** 0; 3; **42)** 0; $a+b$; **43)** 0; $-\frac{b}{a}$; **44)** 0; $\frac{2}{3}$; **45)** 0; $\frac{2ab}{b-a}$; **46)** 0; $-\frac{a+b}{3}$; **47)** 0; -7; **48)** 0; $7\frac{3}{4}$.

C. Gemischte quadratische Gleichungen mit absolutem Glied.

49. a) 5; —13; **b)** 9; —3; **c)** —4; —7; **d)** 6; 3; **e)** $-\frac{a}{2} \pm \sqrt{\frac{a^2}{4} - b}$. **50)** $x_1 + x_2 = -a$; $x_1 \cdot x_2 = b$; **52. a)** 56 m; **b)** 17,32 | m; **53)** 16; —10; **54)** 23; —18; **55. a)** 5; 6; **b)** —5; —6; **c)** —10; +3; **d)** +10; —3; **e)** +3; —15; **f)** 4; 6; **g)** —4; —9; **h)** —2; +9; **56. a)** 14; —8; **b)** —13; —25; **57. a)** 86; —137; **b)** 213; 174; **58. a)** —1,84; —3,16; **b)** 0,16; —0,70; **59. a)** $\frac{4}{3}$; $\frac{3}{4}$; **b)** $3\frac{1}{4}$; $-7\frac{1}{2}$; **60. a)** 0,0266 |; —9,0266 |; **b)** 13,03 |; 0,03 |; **61)** $2a$; a; **62)** 2 m; —3 m; **63)** $a + b$; $a - b$; **64)** $\frac{1}{b}$; $\frac{1}{a}$; **65)** 14 m; **66)** 11; —7; **67)** 25,21 | m; 37,21 | m; **68)** 23; —7; **69)** 11,7; —1,3; **70)** 5; —3; **71)** 22; 3; **72)** 6; —23; **73)** $\frac{m}{2}(1 \pm \sqrt{5})$; **74)** 43; 13; **75)** 11,4244 |; 1,5756 |; **76)** 3,5; 283,5; **77)** 255; 15; **78)** 6; 1; **79)** 16; —4; **80)** 10 m; **81)** $-\frac{2}{3}$; $-\frac{5}{6}$; **82)** $\frac{3}{4}$; $\frac{2}{3}$; **83)** 1,952 |; 0,748 |; **84)** 1,94 |; —2,78 |; **85)** 5,74 |; 0,26 |; **86)** 7; $-\frac{3}{11}$; **87)** 9,20 |; 0,23 |; **88)** $58\frac{2}{3}$; 56; **89)** 7; $3\frac{4}{7}$; **90)** $\frac{1}{2a}\left(-bc \pm \sqrt{bc(bc - 4a^2)}\right)$; —6; **91)** $\frac{a}{b}$; $\frac{b}{a}$; **92)** $\frac{2}{3}$; (der zweite Wert 3 genügt der Gleichung nur, wenn beide Wurzeln negativ gerechnet werden); **93)** 13; (der zweite Wert $-4\frac{1}{3}$ genügt der Gleichung nur, wenn die zweite Wurzel negativ gerechnet wird); **94)** 6; —3; **95)** 5; (der zweite Wert $-31\frac{60}{71}$ genügt der Gleichung nur, wenn die erste Wurzel negativ gerechnet wird).

D.

96) 6; $-1\frac{4}{5}$; **97)** 15; **98)** 6; 2; 5; 3; **99)** 3; —5; 6; —8; **100)** 0; 0; 5; —5; **101)** 3; —1; **102)** 5; —5; 4; —4; **103)** 4; —4; 3; —3; **104)** 6; —6; 2; —2; **105)** reell nur 3; —1; **106. a)** 24; —12; **b)** $10\frac{2}{3}$; $-13\frac{1}{2}$; **c)** 4; $-14\frac{2}{7}$; **d)** 4; —1; **107. a)** 9,615 |; 0,385 |; **b)** 11,217 |; 1,783 |; **c)** 13,446 |; —0,446 |; **108)** 2,15 |; der andere Wert 3,85 | genügt der Gleichung nur, wenn beide Wurzeln negativ gerechnet werden.

E. Aufgaben aus der Geometrie.

109. a) 13; **b)** 23; **110. a)** 21; **b)** 36; **111. a)** 25; 20; **b)** 21; 24; **112. a)** 35; **b)** 20; **113)** 16-Eck; **114)** 9-Eck; **115)** 15 m; 3 m; **116. a)** 10 cm; 15 cm; **b)** 15 cm; 20 cm; **117)** 40 cm; **118)** 3 cm; **119)** 32 cm; **120)** 16,374 | cm; 19,374 | cm; **121)** 5,394 | cm; 6,606 | cm; **122)** 8 cm; **123)** 12 cm; 17 cm; 22 cm.

F. Aufgaben aus der Physik.

124) 6 m/sec; **125)** 200 m/sec; **126)** 3,3|^s; **127)** 1^s; (5^s); 3$_s$; 45 m; **128)** 80 cm; 20 cm; **129)** 45 cm (4 cm); 36 cm (— 5 cm); **130)** 15,7|; **131)** 9 Ohm, 3 Ohm; **132)** 3 Gruppen zu 4 Lampen.

IV. Graphische Darstellungen.

§ 2. Graphische Darstellungen empirischer Funktionen.

5)

1911	12	13	14	15	16	17	18	19	20	21	22	23	24	25
113	127	125	77	— 10	— 40	— 66	— 105	45	108	113	86	71	82	87

6)

1919	20	21	22	23	24	25	
200	201	347	481	521	377	266	km
0,7	1,7	1,4	3,1	6,2	3,2	3,0	Personen

7)

	1921	22	23	24	25		
Auf	2337	1630	1052	642	392	Einw.	1 Kraftrad
„	1025	750	622	475	361	„	1 Personenwagen
„	2053	1419	1207	1037	788	„	1 Lastwagen

9.

	1913	14	18	21	22	23	24	25
a)	188,3	170,7	303,2	294,1	327,9	347,5	316,9	347,5
b)	130,4	128,2	303,3	164,1	174,2	206,2	206,9	233,1

Reg.-Tons durchschn. Raumgehalt a) für die Schiffe überhaupt, b) für die deutschen Schiffe.

	11a	11b	11a	11b	11c	11d	11e	11c	11d	11e	12b	12b	12b	12c	12d
Jahr	in Mill. Tonnen		in Mill. Mark		in Mill. Tonnen			in Mill. Mark			in Reg. Tons			in 1000 Reg. Tons	
1872	25,4	3,4	5957	973	0,35	0,27	0,62	84	60	144	205	550	218	24,0	24,8
73	27,3	5,5	6720	1790	0,39	0,26	0,65	102	59	161	202	600	221	24,0	24,8
74	27,5	4,9	6131	1211	0,39	0,27	0,66	87	59	146	204	664	230	24,6	25,0
75	29,0	3,4	6134	1012	0,38	0,30	0,68	84	60	144	204	637	232	25,1	25,2
76	31,5	3,7	6517	1307	0,41	0,32	0,73	99	60	159	204	576	229	25,2	25,6
77	33,2	3,6	6699	1045	0,42	0,34	0,76	89	65	154	206	507	230	25,3	26,4
78	33,6	1,2	6631	801	0,39	0,37	0,76	84	66	150	209	546	233	25,3	27,4
79	34,1	1,3	6709	1067	0,40	0,37	0,77	87	63	150	213	510	235	25,3	28,2
80	35,9	— 1,7	5821	— 133	0,38	0,42	0,80	63	66	129	221	525	245	26,0	29,1
81	37,1	— 1,5	6084	— 104	0,39	0,42	0,81	66	68	134	228	523	254	26,0	29,8
82	39,3	— 1,5	6415	— 145	0,41	0,45	0,86	69	72	141	233	550	265	26,1	30,5
83	42,6	— 2,6	6573	— 75	0,43	0,49	0,92	71	72	143	237	604	281	26,7	31,4
84	42,7	— 1,5	6517	5	0,44	0,48	0,92	70	70	140	241	622	294	27,4	32,0
85	42,1	— 1,1	5887	63	0,44	0,46	0,90	64	62	126	244	636	304	27,7	32,4
86	41,3	— 1,7	5983	— 101	0,42	0,46	0,88	62	65	127	248	634	310	27,2	32,9

	11a	11b	11a	11b	11c	11d	11e	11c	11d	11e	12b	12b	12b	12c	12d
Jahr	in Mill. Tonnen		in Mill. Mark		in Mill. Tonnen			in Mill. Mark			in Reg. Tons			in 1000 Reg. Tons	
1887	44,6	0	6379	— 7	0,47	0,47	0,94	67	67	134	250	654	320	27,0	32,9
88	49,4	1,8	6785	73	0,53	0,49	1,02	71	70	141	249	656	326	25,7	33,4
89	51,4	8,6	7343	831	0,62	0,44	1,06	84	67	151	253	670	339	25,3	34,0
90	54,1	9,3	7683	863	0,64	0,45	1,09	87	69	156	253	757	368	26,8	34,9
91	56,0	9,4	7743	1063	0,66	0,47	1,13	89	67	156	258	808	392	28,8	35,4
92	54,9	9,5	7377	1077	0,64	0,45	1,09	84	63	147	261	813	404	29,2	35,9
93	57,5	8,9	7379	889	0,65	0,48	1,13	81	64	145	265	797	406	29,8	36,3
94	61,1	9,3	7338	1234	0,69	0,50	1,19	83	59	142	257	811	408	29,6	36,8
95	62,7	8,7	7670	822	0,69	0,52	1,21	82	66	148	252	857	424	29,9	37,9
96	69,1	10,7	8312	804	0,76	0,55	1,31	86	71	157	246	825	418	28,5	37,5
97	74,9	12,3	8651	1079	0,81	0,58	1,39	91	71	162	234	791	405	27,8	36,5
98	79,3	12,5	9451	1429	0,84	0,61	1,45	100	74	174	232	829	421	28,6	36,6
99	82,0	14,6	10152	1416	0,87	0,61	1,48	105	79	184	241	849	442	29,7	38,0
1900	85,8	13,2	10796	1290	0,88	0,65	1,53	108	85	193	239	890	462	31,0	38,7
1	83,6	12,0	10223	1197	0,84	0,63	1,47	100	79	179	238	970	500	34,1	38,4
2	85,1	8,1	10619	993	0,81	0,67	1,48	101	83	184	235	1030	529	36,2	38,8
3	93,5	9,1	11451	1191	0,87	0,72	1,59	108	88	196	232	1050	545	37,6	39,0
4	94,9	10,1	12171	1539	0,88	0,71	1,59	115	89	204	230	1072	559	39,0	38,9
5	102,8	14,0	13278	1594	0,97	0,74	1,71	123	97	220	226	1071	557	39,0	38,8
6	112,9	14,9	15555	1815	1,04	0,80	1,84	142	112	254	216	1087	572	40,4	
7	123,6	21,4	17013	2129	1,17	0,82	1,99	154	120	274	205	1144	593	42,4	
8	118,5	14,3	15325	1287	1,06	0,83	1,89	132	112	244	202	1174	610	44,4	
9	124,0	14,4	16314	1964	1,09	0,86	1,95	143	113	256	194	1179	609	44,3	
10	131,2	10,2	17615	1455	1,09	0,94	2,03	148	125	273	188	1205	614	44,3	
11	142,2	9,0	19154	1606	1,16	1,02	2,18	159	135	294	188	1215	621	44,4	
12	152,7	5,7	21256	1888	1,20	1,11	2,31	175	146	321	187	1251	639	45,7	
13	163,6	—0,8	22547	763	1,22	1,23	2,45	174	163	337	181	1265	650	47,1	
14											176	1306	673	49,0	
22	96,2	25,2			0,98	0,57	1,55								
23	90,0	35,0			1,00	0,44	1,44								
24	78,9	23,3			0,81	0,44	1,25				148	1365	710	47,9	
25	112,5	14,3	23190	4246	1,00	0,78	1,78	217	150	367	149	1424	742	50,0	

§ 3. Lineare Funktionen.

18) 0,4; 3,8; **19. a)** 2; 3; **b)** —1; 4; **c)** —2; —5; **20. a)** —4; 3; **b)** 3; —2; **c)** $-3\frac{1}{2}$; $-2\frac{1}{2}$; **21. a)** 2,3; 3,4; **b)** 4,7; —2,3; **c)** —0,8; —1,4; **22)** $y = \frac{4}{5}x$; **23. a)** $y = \frac{9}{x} + 32$; **b)** $y = \frac{5}{9}(x - 32)$; **24. a)** 28,7 km; 60,9 km; **b)** $43{,}95^m$; $20{,}7^m$; **25)** 12,1 km; **26)** 8 km von A; 12^m; **27)** 13,44 km von A; $20{,}16^m$ nach Abgang des Personenzuges; **28. a)** $14^h\ 14^m$; $11^h\ 42^m$; **b)** 8,64 km von A; $9^h\ 55^m\ 12^s$; **c)** 4,35 km 8,1 km.

§ 4. Quadratische Funktionen.

2) 0,64; 1,69; 38,44; 24,01; 7,29; **3)** 1,41; 1,73; 2,24; 1,64; 2,05; 4,54; 6,84; **14. a)** $y = u^2 - 1$; **b)** $y = u^2 + 2{,}94$; $y = u^2 - 3{,}06$; **c)** $y = u^2$; $y = u^2 - 2$; **17. a)** 3; 2; **b)** 3; —1; **c)** 0,5; —0,8; **d)** 1; —2; **e)** 4; —2,4; **21. a)** 2; 0,6; **b)** 1,2; —3; **c)** 0,75; —0,5.

	$t =$	0	1	2	3	4	5	6	7	8	9	10	sec
22)	$s =$	0	4,9	19,6	44,1	78,5	122,6	176,6	240,3	313,9	397,3	490,5	m
23)	$s =$	0	9,9	29,6	59,1	98,5	147,6	206,6	275,3	353,9	442,3	540,5	m
24)	$s =$	0	45,1	80,4	105,9	121,5	127,4	123,4	109,7	86,1	52,7	9,5	m

§ 5. Graphische Darstellung von Potenzen mit veränderlicher Basis.

		$x =$	0	±1	±2	±3	±4	±5	±6	±7	±8	±9	±10
3)		$x^3 =$	0	±1	±8	±27	±64	±125	±216	±343	±512	±729	±1000
6)	{	$x^4 =$	0	1	16	81	256	625	1296	2401	4096	6561	10000
	{	$x^5 =$	0	±1	±32	±243	±1024	±3125	±7776	±16807	±32768	±59049	100000

4) 2,74; 0,73; —21,95; 658,50; —274,6.
5) 1,26; 1,44; 1,59; 1,71; 1,99; 2,03; 3,13; 2,74.

	$x =$	0	±0,1	±0,2	±0,3	±0,4	±0,5	±0,6	±0,7	±0,8	±0,9	±1
13)	$x^{-1} =$	∞	±10	±5	±3,33	±2,5	±2	±1,67	±1,43	±1,25	±1,11	±1
17)	$x^{-2} =$	∞	100	25	11,11	6,25	4	2,78	2,04	1,56	1,23	1

Für die Werte 2 bis 10 für x ist y bei 13) 10 mal und bei 17) 100 mal so klein wie für 0,2 bis 1.

§ 6. Graphische Darstellung von Potenzen mit veränderlichem Exponenten.

	$x =$	—4	—3,5	—3	—2,5	—2	—1,5	—1	—0,5	0
1)	$2^x =$	0,06	0,09	0,125	0,18	0,25	0,35	0,5	0,71	1
	$3^x =$	0,01	0,02	0,04	0,06	0,11	0,19	0,33	0,58	1
4)	$10^x =$	0,0001	0,0003	0,001	0,003	0,01	0,03	0,1	0,32	1

	$x =$	0,5	1	1,5	2	2,5	3	3,5	4
1)	$2^x =$	1,41	2	2,83	4	5,66	8	11,31	16
	$3^x =$	1,73	3	5,20	9	15,59	27	46,77	81
4)	$10^x =$	3,16	10	31,62	100	316,23	1000	3162,3	10000

2. a) 2,64; **b)** 0,81; **c)** 12,99; **3. a)** 2,81; **b)** 3,64; **c)** —0,32; **d)** 2,07; **5. a)** 12,51; **b)** 0,27; **c)** 1585; **d)** 0,40; **6. a)** 2,5; **b)** —0,83; **c)** 1,63; **d)** —0,52; **10. a)** 1,585; **b)** 1,43; **c)** 1,81; **d)** —0,32; **e)** —0,74.

Elementar-Mathematik, Unterstufe.

I. Planimetrie.

§ 6 (3*)). **4)** 10 (15); 8 (13); **5)** 5 (9); **6)** 6 (10); 4 (8).

§ 17 (6 C). **2)** 21600; 10800; 5400 Bogenminuten; 1296000; 648000; 324000 Bogensekunden; **3)** 6 Bogengrade; **4)** 360; 180; 90; 270; 30; 60; 150; 15; 285; 720; 1440; 2880 Bogengrade; **5)** 360; 180; 270; 90; 6; 12; 36; 3; 33; 540; 720; 1800 Bogengrade.

§ 19 (7 B). **2)** 30^0; 90^0; 15^0; 135^0; 270^0; 360^0; $7\frac{1}{2}^0$; $1\frac{1}{2}^0$; $2\frac{1}{2}^0$; $\frac{1}{2}^0$; 1^0; 3^0; 6^0; **3)** 6^0; 12^0; 30^0; 48^0; 60^0; 90^0; 150^0; 180^0; 240^0; 270^0; 360^0; **4)** 180^0; 120^0; 105^0; 60^0; 165^0; 135^0; 90^0; 180^0; 75^0; **5)** $127\frac{1}{2}^0$; $187\frac{1}{2}^0$; 34^0; 88^0; 11^0; **6. a)** 45^0; **b)** $112\frac{1}{2}^0$; **c)** $112\frac{1}{2}^0$; **d)** $157\frac{1}{2}^0$; **e)** $112\frac{1}{2}^0$.

§ 21 (8 B). **4)** 162^0; 117^0; 42^0; $155^0\,24'$; $33^0\,40'\,38''$; **5)** 63^0; 34^0; $70^0\,18'$; $47^0\,2'\,37''$.

§ 36 (12). **1)** $17^0\,3'$; **2)** $\beta = 90^0$; **3)** $\alpha = 60^0$; $\beta = 90^0$; $\gamma = 30^0$; **4. a)** $129^0\,8'\,22\frac{1}{2}''$; **b)** 135^0; **5)** 85^0; 37^0; **6)** 117^0; 22^0; 41^0; **7. a)** $40^0\,46'\,34''$; **b)** 18^0; 72^0; **c)** 37^0; 53^0; **14)** $90^0 - \frac{\alpha}{2}$, wenn α der dritte Winkel ist; **15)** $69^0\,52'\,35''$; **16)** 3.

§ 82 (19). **1. a)** 72^0; 72^0; 36^0; **b)** 152^0; 14^0; 14^0; **c)** 36^0; 36^0; 108^0; **d)** $66\frac{2}{3}^0$; $66\frac{2}{3}^0$; $46\frac{2}{3}^0$.

§ 120 (32). **14. a)** 3171,52 qm; **b)** $10\frac{2}{7}$ m; **c)** rund 1418; **d)** rund 49,2 qm; **15)** 1610 qcm; **16)** 6364 qcm; **17)** 840 qcm; **18)** 150 qcm.

§ 130 (34). **6)** 1 : 2; **7)** 2 : 1; **8)** 24 cm; **9)** $\frac{bm + dn}{m + n} = 40{,}8$ cm; **10)** 3 : 2; 3 : 1; 5 : 3 : 2.

§ 141 (36). **1. a)** α) $\frac{m}{m+n} \cdot c = 14{,}4$ cm; β) $\frac{cp}{b} = 9$ cm; **b)** 2 : 1; **6)** 1 : 625 000 000; 6,25 a; 6,25 ha; 6,25 qkm.

---

*) Die eingeklammerten Zahlen beziehen sich auf die getrennt erschienenen „Geometrischen Aufgaben und Übungen“ aus der Unterstufe.

§ 148 (38). **3. a)** $c = 25$ cm; $q = 9$ cm; $p = 16$ cm; $h = 12$ cm; **b)** $b = 0{,}65$ m; $q = 0{,}25$ m; $p = 1{,}44$ m; $h = 0{,}6$ m; **c)** $c = 12{,}5$ cm; $a = 10$ cm; $p = 8$ cm; $h = 6$ cm; **d)** $c = 3{,}38$ m; $b = 1{,}3$ m; $a = 3{,}12$ m; $h = 1{,}2$ m; **e)** $q = 0{,}36$ m; $h = 0{,}48$ m; $a = 0{,}8$ m; $b = 0{,}6$ m; **f)** $p = 11{,}25$ cm; $c = 14{,}45$ cm; $a = 12{,}75$ cm; $b = 6{,}8$ cm; **g)** $q = 0{,}75$ m; $p = 4{,}32$ m; $c = 5{,}07$ m; $a = 4{,}68$ m; **h)** (Quadr. Gleichung) $a = 255$ m; $b = 136$ m; $p = 225$ m; $q = 64$ m; **i)** (Quadratische Gleichung) $c = 578$ m; $q = 128$ m; $a = 510$ m; $h = 240$ m.

§ 161 (39). **1. a)** $s_5 = \frac{r}{2}\sqrt{10-2\sqrt{5}}$; **b)** $s_8 = r\sqrt{2-\sqrt{2}}$; **c)** $s_{12} = r\sqrt{2-\sqrt{3}}$;

2. a) $\varrho_3 = \frac{r}{2}$; **b)** $\varrho_4 = \frac{r}{2}\sqrt{2}$; **c)** $\varrho_5 = \frac{r}{4}\sqrt{6+2\sqrt{5}}$; **d)** $\varrho_6 = \frac{r}{2}\sqrt{3}$;
e) $\varrho_8 = \frac{r}{2}\sqrt{2+\sqrt{2}}$; **f)** $\varrho_{10} = \frac{r}{4}\sqrt{10+2\sqrt{5}}$; **g)** $\varrho_{12} = \frac{r}{2}\sqrt{2+\sqrt{3}}$;

3. a) $S_3 = 2r\sqrt{3}$; **b)** $S_4 = 2r$; **c)** $S_5 = 2r\sqrt{5-2\sqrt{5}}$; **d)** $S_6 = \frac{2}{3}r\sqrt{3}$;
e) $S_8 = 2r\sqrt{3-2\sqrt{2}}$; **f)** $S_{10} = \frac{2}{5}r\sqrt{25-10\sqrt{5}}$;
g) $S_{12} = 2r\sqrt{7-4\sqrt{3}}$.

4. a) $i_3 = \frac{3}{4}r^2\sqrt{3}$; **b)** $i_4 = 2r^2$; **c)** $i_5 = \frac{5}{8}r^2\sqrt{10+2\sqrt{5}}$;
d) $i_6 = \frac{3}{2}r^2\sqrt{3}$; **e)** $i_8 = 2r^2\sqrt{2}$; **f)** $i_{10} = \frac{5}{4}r^2\sqrt{10-2\sqrt{5}}$;
g) $i_{12} = 3r^2$.

5. a) $J_3 = 3r^2\sqrt{3}$; **b)** $J_4 = 4r^2$; **c)** $J_5 = 5r^2\sqrt{5-2\sqrt{5}}$;
d) $J_6 = 2r^2\sqrt{3}$; **e)** $J_8 = 8r^2\sqrt{3-2\sqrt{2}}$;
f) $J_{10} = 2r^2\sqrt{25-10\sqrt{5}}$; **g)** $J_{12} = 12r^2\sqrt{7-4\sqrt{3}}$.

6*). **a)** 183,3 cm; **b)** 1,140 km; **c)** 7,54 m; **d)** 1,1 m; 1,3 m; **e)** 10 : 1; **f)** 5,864 m; 170 mal; **g)** 1 : 3 : 5 : . . . : 19; **7)*)** $p^2 : 4\pi = 103{,}1$ qcm; **8)*)** $2\sqrt{J\pi} = 28{,}2$ cm; **9)*)** 57° 17′ 44″; **10)*)** 2,5 cm; 7,5 qcm; 40,2 cm; 160,8 qcm; **11)*)** 57,3 cm; **12)*)** 114° 35′ 29″; **13)** $(r^2 - \varrho^2)\pi$.

§ 171 (40). Vorbemerkungen: 1) Die eingeklammerten Zeichen werden auf der Unterstufe am besten nicht beachtet, wenn sie in einzelnen Fällen auch sinnvoll gedeutet werden können; 2) die mit einem Sternchen versehenen Aufgaben eignen sich nur für begabtere Schüler oder spätere Wiederholungen; 3) die angegebenen Zahlenbeispiele sollen zur schnelleren Prüfung der zeichnerischen Ergebnisse auf Richtigkeit und Genauigkeit dienen.

1. $AX = x$ sei der größere Abschnitt. **a)** innen: $x = -\frac{c}{2} \underset{(-)}{+} \sqrt{\left(\frac{c}{2}\right)^2 + c^2}$;

*) π ist in den folgenden Aufgaben zu 3,1416 gerechnet; die Ergebnisse sind abgerundet.

außen: $x = \frac{3c}{2} \underset{(-)}{+} \sqrt{\left(\frac{3c}{2}\right)^2 - c^2}$; ($c = 4$ cm; $x_1 = 2{,}47$ cm; $x_2 = 10{,}47$ cm);
b) $x = 2c \pm \sqrt{c^2 + c^2}$ ($c = 4$ cm; $x_1 = 13{,}66$ cm; $x_2 = 2{,}34$ cm); **c)** $x = 3c \pm \sqrt{6c^2}$ ($c = 3$ cm; $x_1 = 16{,}35$ cm; $x_2 = 1{,}65$ cm); **d)** innen: $x = \frac{c}{2} \pm \sqrt{\left(\frac{c}{2}\right)^2 - q^2}$; außen: $x = \frac{c}{2} \underset{(-)}{+} \sqrt{\left(\frac{c}{2}\right)^2 + q^2}$ ($c = 6$ cm; $q = 2$ cm; $x_1 = 5{,}24\,(0{,}76)$ cm; $x_2 = 6{,}61$ cm); **e)** innen unmöglich, außen: $x = \frac{c}{2} \underset{(-)}{+} \sqrt{\left(\frac{c}{2}\right)^2 + \frac{c^2}{4}\sqrt{3}}$ ($c = 6$ cm; $x = 7{,}96$ cm).

2. q sei die Quadratseite. **a)** $x = \frac{q^2}{a}$ ($q = 4$ cm; $a = 6{,}4$ cm; $x = 2{,}5$ cm); **b)*** $x = \sqrt{\frac{d^2}{2} \pm \sqrt{\frac{d^2}{2} + q^2} \cdot \sqrt{\frac{d^2}{2} - q^2}}$ (der zweite Wert ist die andere Rechteckseite; $q = 4$ cm; $d = 6$ cm; $x_1 = 5{,}24$ cm; $x_2 = 3{,}12$ cm); **c)** $x = 2\sqrt{\frac{q^2}{3}\sqrt{3}}$ ($q = 6$ cm; $x = 9{,}12$ cm); **d)** $x = \frac{2}{3}\sqrt{\frac{q^2}{2}\sqrt{3}}$ ($q = 6$ cm; $x = 3{,}72$ cm); **e)*** wie b, wenn x die halbe Grundlinie bedeutet und b für d gesetzt wird.

3) wie 2, nur pq statt q^2, wenn p und q die Rechteckseiten bedeuten.

4. a) $x = -s \underset{(-)}{+} \sqrt{s^2 + s^2}$ ($s = 7$ cm; $x = 2{,}9$ cm); **b)** $x = d \underset{(-)}{+} \sqrt{d^2 + d^2}$ ($d = 2$ cm; $x = 4{,}83$ cm).

5. a) $x = 4\left(s - \frac{s}{2}\sqrt{3}\right)$; ($s = 10$ cm; $x = 5{,}36$ cm); **b)** $x = 4\left(d + \frac{d}{2}\sqrt{3}\right)$; ($d = 1$ cm; $x = 7{,}46$ cm).

6) Die Parallele zu AB schneide $CD = x$ auf CA ab; $x^2 = \frac{b^2}{2}$ ($b = 5$ cm; $x = 3{,}54$ cm).

7) Die Parallelen zu AB schneiden $CD = x$ und $CE = y$ auf CA ab; $x^2 = \frac{b^2}{3}$; $y^2 = \frac{2b^2}{3}$; ($b = 6$ cm; $x = 3{,}46$ cm; $y = 4{,}9$ cm).

8)* Die Parallele zu der Ecktransversale CD schneide $BE = x$ auf BC ab; $x^2 = \frac{a^2 c}{2\,BD}$ (Lehrsatz § 140, 1; $a = 6$ cm, $c = 8$ cm, $BD = 6{,}4$ cm; $x = 4{,}74$ cm).

9)* (wie 8) $x^2 = \frac{a^2 c}{3\,BD}$ ($x = 3{,}87$ cm).

10) Die Quadratseiten q ($= 6$ cm) seien um je x abgestumpft; $x = q - \frac{q}{2}\sqrt{2}$ ($= 1{,}76$ cm).

11.* Parallele x zu c ($a = 6$ cm, $b = 5$ cm, $c = 7$ cm). **a)** $x = \frac{(a+b)c}{a+b+c}$ (= 4,28 cm); **b)** $x = \frac{(a-b)c}{a-b+c}$ (= 0,875 cm); **c)** $x = \frac{b^2 c}{b^2+c^2}$ (= 2,36 cm); **d)** $x = \frac{c\sqrt{ab}}{c+\sqrt{ab}}$ (= 3,07 cm).

12) $x^2 = r^2 - \varrho^2$; 13) $x^2 = \frac{r^2}{2}$; 14) $x^2 = \frac{1}{3} r^2$; $y^2 = \frac{2}{3} r^2$ (vgl. 7);

15) Halbmesser des ersten Kreises r, des zweiten ϱ; $x^2 = r^2 - \varrho^2$;

16) $x^2 = r^2 + \varrho^2$;

17)* Der Ring sei der größere Teil; $x = -\frac{r}{2} + \sqrt{\left(\frac{r}{2}\right)^2 + r^2}$ (vgl. 1 a).

18)* Das Teildreieck als der größere Teil habe die Höhe x, das Dreieck selbst die Höhe h; $x = \sqrt{-\frac{h^2}{2} + \sqrt{\frac{h^4}{4} + h^4}} = \sqrt{h\left(\sqrt{\frac{h^2}{4} + h^2} - \frac{h}{2}\right)}$; ($h = 6$ cm; $x = 4,52$ cm).

III (II). Trigonometrie.

§ 6 (1)**. 1.

	a) 32°	b) 58°	c) 73°	d) 20°	e) 80°
sin	0,530	0,848	0,956	0,342	0,985
cos	0,848	0,530	0,292	0,940	0,174
tg	0,625	1,600	3,271	0,364	5,671
cot	1,600	0,625	0,306	2,747	0,176

2. **a)** 36° 52′; **b)** 48° 11′; **c)** 59° 2′; **d)** 21° 48′; **f)** 20° 29′; **g)** 38° 44′; **h)** 51° 20′; **i)** 76° 30′.

3. **a)** 0,8496; **b)** 0,1794; **c)** 0,2401; **d)** 0,4487; **e)** 0,4524; **f)** 0,6628; **g)** 0,6322; **h)** 1,1009.

4. **a)** 47° 40′; **b)** 73° 10′; **c)** 60° 20′; **d)** 74°; **e)** 60° 36′; **f)** 60° 36′; **g)** 7° 56′; **h)** 36° 3′.

5.

	$\sin\alpha$	$\cos\alpha$	$\operatorname{tg}\alpha$	$\cot\alpha$
a)	$\frac{a}{c}$	$\frac{\sqrt{c^2-a^2}}{c}$	$\frac{a}{\sqrt{c^2-a^2}}$	$\frac{\sqrt{c^2-a^2}}{a}$.
b)	$\frac{\sqrt{c^2-b^2}}{c}$	$\frac{b}{c}$	$\frac{\sqrt{c^2-b^2}}{b}$	$\frac{b}{\sqrt{c^2-b^2}}$
c) u. d)	$\frac{a}{\sqrt{a^2+b^2}}$	$\frac{b}{\sqrt{a^2+b^2}}$	$\frac{a}{b}$	$\frac{b}{a}$.

**) Siehe die Vorbemerkungen.

6.

	$\sin\alpha$	$\cos\alpha$	$\operatorname{tg}\alpha$	$\cot\alpha$
a)	$\frac{3}{5}$	$\frac{4}{5}$	$\frac{3}{4}$	$\frac{4}{3}$
b)	$\frac{5}{13}$	$\frac{12}{13}$	$\frac{5}{12}$	$\frac{12}{5}$
c)	$\frac{24}{25}$	$\frac{7}{25}$	$\frac{24}{7}$	$\frac{7}{24}$
d)	$\frac{15}{17}$	$\frac{8}{17}$	$\frac{15}{8}$	$\frac{8}{15}$
e)	$\frac{2}{5}\sqrt{5}$	$\frac{1}{5}\sqrt{5}$	2	$\frac{1}{2}$
f)	$\frac{1}{3}$	$\frac{2}{3}\sqrt{2}$	$\frac{1}{4}\sqrt{2}$	$2\sqrt{2}$
g)	$\frac{1}{5}\sqrt{21}$	$\frac{2}{5}$	$\frac{1}{2}\sqrt{21}$	$\frac{2}{21}\sqrt{21}$
h)	$\frac{1}{4}$	$\frac{1}{4}\sqrt{15}$	$\frac{1}{15}\sqrt{15}$	$\sqrt{15}$
i)	$0{,}4$	$\frac{1}{5}\sqrt{21}$	$\frac{2}{21}\sqrt{21}$	$\frac{1}{2}\sqrt{21}$
k)	$0{,}8$	$0{,}6$	$\frac{4}{3}$	$\frac{3}{4}$
l)	$\frac{6}{61}\sqrt{61}$	$\frac{5}{61}\sqrt{61}$	$1{,}2$	$\frac{5}{6}$
m)	$\frac{2}{5}\sqrt{5}$	$\frac{1}{5}\sqrt{5}$	2	$0{,}5$

7.

$$
\begin{array}{lcccc}
 & \textbf{a)} & \textbf{b)} & \textbf{c)} & \textbf{d)} \\
\sin\alpha = & & \sqrt{1-\cos^2\alpha} = & \dfrac{\operatorname{tg}\alpha}{\sqrt{1+\operatorname{tg}^2\alpha}} = & \dfrac{1}{\sqrt{1+\cot^2\alpha}}; \\
\cos\alpha = & \sqrt{1-\sin^2\alpha} & = & \dfrac{1}{\sqrt{1+\operatorname{tg}^2\alpha}} = & \dfrac{\cot\alpha}{\sqrt{1+\cot^2\alpha}}; \\
\operatorname{tg}\alpha = & \dfrac{\sin\alpha}{\sqrt{1-\sin^2\alpha}} = & \dfrac{\sqrt{1-\cos^2\alpha}}{\cos\alpha} & = & \dfrac{1}{\cot\alpha}; \\
\cot\alpha = & \dfrac{\sqrt{1-\sin^2\alpha}}{\sin\alpha} = & \dfrac{\cos\alpha}{\sqrt{1-\cos^2\alpha}} = & \dfrac{1}{\operatorname{tg}\alpha}. &
\end{array}
$$

8.

	sin	cos	tg	cot
18^0	$\frac{1}{4}\sqrt{6-2\sqrt{5}}$	$\frac{1}{4}\sqrt{10+2\sqrt{5}}$	$\sqrt{\dfrac{5-2\sqrt{5}}{5}}$	$\sqrt{5+2\sqrt{5}}.$
72^0	$\cos 18^0$	$\sin 18^0$	$\cot 18^0$	$\operatorname{tg} 18^0.$

9.* a) $1^0\,10'$; $0^0\,54'$; **b)** $1:57{,}1$; $1:28{,}7$; $1:19{,}1$; $1:14{,}3$; $1:11{,}4$; $1:5{,}7$; $1:3{,}7$; $1:2{,}7$; $1:2{,}1$; **c)** 3^0, $1:3$; $5^0\,59'$, $1:2{,}99$; $8^0\,56'$, $1:2{,}98$; $11^0\,51$, $1:2{,}96$; $14^0\,43'$, $1:2{,}94$; $27^0\,52'$, $1:2{,}79$; $38^0\,47'$, $1:2{,}59$; $47^0\,31'$, $1:2{,}38$; $54^0\,26'$, $1:2{,}18$.

10.* a) $54^0\,44'$; **b)** $35^0\,16'$.

§ 9 (2). 1. a) $\alpha^* = 43^0\,48'$; $a = 33{,}226^*$ $(33{,}223)$ cm; $b = 34{,}646^*$ $(34{,}644)$ cm; $J = 575{,}57^*$ $(575{,}49)$ qcm; **b)** $\alpha = 64^0\,3'^*$ $(64^0\,3'\,19'')$; $\beta^* = 25^0\,57'$ $(25^0\,56'\,41'')$; $a = 14{,}387^*$ $(14{,}387)$ m; $J = 50{,}3545^*$ $(50{,}356)$ qm; **c)** $\alpha^* = 61^0\,6'$; $a = 2257{,}2^*$ $(2257{,}2)$ m; $c = 2578{,}1^*$

(2578,2) m; $J = 1406230^*$ (1406200) qm; **d)** $\alpha^* = 20^0\,44'$; $b = 22{,}191^*$ (22,191) cm; $c = 23{,}73^*$ (23,727) cm; $J = 93{,}2026^*$ (93,2025) qcm; **e)** $\alpha = 52^0\,36'^*$ ($52^0\,35'\,42''$); $\beta^* = 37^0\,24'$ ($37^0\,24'\,18''$); $c = 4{,}28^*$ (4,282) m; $J = 4{,}42^*$ (4,42) qm.

2. a) $\alpha^* = 64^0\,43'$ ($64^0\,43'\,15''$); $b = 10{,}36$ (10,362) m; $a = 21{,}945$ (21,941) m; $J = 113{,}7$ (113,68) qm; **b)** $\alpha = 37^0\,42'$ ($37^0\,42'\,48''$); $\beta^* = 52^0\,18'$ ($52^0\,17'\,12''$); $a = 0{,}521$ (0,52119) m; $J = 0{,}1756$ (0,17564) qm; **c)** $\alpha^* = 33^0$ ($32^0\,59'\,34''$); $a = 28{,}09$ (28,089) km; $c = 51{,}59$ (51,582) km; $J = 60{,}77$ (60,761) qkm; **d)** $\alpha^* = 77^0\,6'$ ($77^0\,5'\,39''$); $b = 606{,}6$ (606,9) m; $c = 2717$ (2717,3) m; $J = 803300$ (803750) qm; **e)** $\alpha = 31^0\,8'$ ($31^0\,7'\,37''$); $\beta^* = 58^0\,52'$ ($58^0\,52'\,23''$); $c = 102{,}4$ (102,4) km; $J = 2320$ (2319,8) qkm.

3. a) $\alpha = 51^0\,4'^*$ ($51^0\,3'\,30''$); $\beta^* = 38^0\,56'$ ($38^0\,56'\,30''$); $a = 33{,}423^*$ (33,411) cm; $c = 42{,}966^*$ (42,9575) cm; $J = 451{,}21^*$ (451,05) qcm; **b)** $\beta = 66^0\,42'^*$ ($66^0\,41'\,41''$); $\alpha^* = 23^0\,18'$ ($23^0\,18'\,19''$); $a = 7{,}078^*$ (7,075) m; $b = 16{,}431^*$ (16,429) m; $c = 17{,}891^*$ (17,889) m; $J = 58{,}15^*$ (58,139) qm; **c)** $\beta^* = 26^0\,42'$; $b = 5{,}008^*$ (5,0076) cm; $c = 11{,}146^*$ (11,145) cm; $a = 9{,}9574^*$ (9,9566) cm; $J = 24{,}9333^*$ (24,929) qcm; **d)** $\alpha^* = 39^0\,18'$; $a = 9{,}303^*$ (9,3042) m; $b = 11{,}3664^*$ (11,368) m; $c = 14{,}69^*$ (14,69) m; $J = 52{,}871^*$ (52,884) qm.

4. a) $\alpha^* = \beta^* = 68^0\,2'$; $a = b = 56{,}91$ (56,916) cm; $J = 1124$ (1123,8) qcm; **b)** $\alpha = \beta = 69^0\,39'$ ($69^0\,38'\,44''$); $\gamma^* = 40^0\,42'$ ($40^0\,42'\,32''$); $J = 1553$ (1552,6) qcm; **c)** $\alpha = \beta = 36^0\,25'$ ($36^0\,25'\,14''$); $\gamma^* = 107^0\,10'$ ($107^0\,9'\,32''$); $c = 2{,}662$ (2,6619) m; $J = 1{,}307$ (1,307) qm; **d)** $\alpha^* = \beta^* = 25^0\,44'$ ($25^0\,44'\,17''$); $c = 22{,}52$ (22,519) m; $J = 61{,}11$ (61,121) qm; **e)** $\alpha^* = \beta^* = 48^0\,7'$; $c = 43{,}035$ (43,043) m; $a = b = 32{,}23$ (32,236) m; $J = 516{,}5$ (516,51) qm; **f)** $\gamma^* = 100^0\,34'$ ($100^0\,34'\,30''$); $c = 23{,}59$ (23,598) cm; $a = b = 15{,}34$ (15,338) cm; $J = 115{,}6$ (115,63) qcm; **g)** $\alpha = \beta = 54^0\,37'$ ($54^0\,36'\,58''$); $\gamma^* = 70^0\,46'$ ($70^0\,46'\,4''$); $a = 4174$ (4172,7) m; $J = 8220000$ (8220400) qm.

5.* a) $s = 0{,}3128$ m; $\varrho = 0{,}9877$ m; $J = 3{,}0895$ qm; **b)** $s = 0{,}8678$ m; $\varrho = 0{,}9009$ m; $J = 2{,}7363$ qm; **c)** $s = 0{,}5176$ m; $\varrho = 0{,}9659$ m; $J = 2{,}9998$ qm.

6.* a) $s = 0{,}8284$ m; $J = 3{,}3136$ qm; $R = 1{,}0825$ m; **b)** $s = 0{,}7280$ m; $J = 3{,}2760$ qm; $R = 1{,}0641$ m; **c)** $s = 0{,}5874$ m; $J = 3{,}2307$ qm; $R = 1{,}0423$ m.

7.

Seitenzahl	$\frac{1}{2}u_n$	$\frac{1}{2}U_n$
6	3,000 (3,000)	3,464 (3,4641)
12	3,106 (3,1059)	3,216 (3,2154)
24	3,133 (3,1326)	3,159 (3,1596)
48	3,139 (3,1394)	3,146 (3,1461)
96	3,141 (3,1410)	3,143 (3,1427)
192	3,141 (3,1413)	3,142 (3,1417)

8. a) 19,46 (19,46) g; **b)** 1,335 (1,3306) cm.

9)

5°	10°	15°	20°	25°	30°	35°	40°	45°
0,9962	0,9848	0,9659	0,9397	0,9063	0,8660	0,8192	0,7660	0,7071 · p.

10) $s = 0{,}4631$ (0,46324) km; $s . \cos \varphi$ km; **11)** 64,964* (64,965) m; **12)** 70,727* (70,743) m; **13)** 30° 46′* (30° 45′ 46″); **14)** 100,676* (100,68) m; **15)** 61,61 (61,614) m; **16)** 1057 (1055,7) m.

17)

0°	10°	20°	30°	40°	50°	60°	70°	80°	90°
111,2	109,5	104,5	96,25	85,16	71,45	55,575	38,02	19,3	0 km
(111,18	109,49	104,47	96,28	85,17	71,465	55,59	38,025	19,31	0) „

18) Nach N 1° = 111,2 (111,18) km; 1′ = 1,85 (1,85) km; 1″ = 31 (30,9) m. Nach O 1° wie in 17;

	0°	10°	20°	30°	40°	50°	60°	70°	80°	
1′ =	1,85	1,825	1,74	1,60	1,42	1,19	0,93	0,63	0,32	km
	(1,85	1,825	1,74	1,605	1,42	1,19	0,93	0,63	0,32)	„
1″ =	31	30	29	27	24	20	15,5	10,5	5	m
	(30,9	30,4	29,0	26,7	23,7	19,9	15,4	10,6	5,4)	„

19. a) $r = 1377$ (1377,1) m; $b = 1501{,}6$ (1501,4) m; **b)** $AC = BC = 944{,}75$ (944,6) m; $\widehat{AB} = 1686$ (1686) m; **c)** 58° 54′ (58° 53′ 28″); $r = 724{,}3$ (724,13) m; **20. a)** $AB = 39{,}8$ (39,8) m; **b)** 1030 (1029,9) m; **21)** 343,37* (343,34) qm; **22. a)** 45°*; 54° 44′* (54° 44′ 10″); **b)** 54° 44′* (54° 44′ 10″); 70° 32′* (70° 31′ 44″).

§ 17 (3). 1. a) $\beta^* = 67^\circ 2'$; $a = 184{,}6$ (184,54) m; $c = 154{,}1$ (154,09) m; $J = 13100$ (13091) qm; **b)** $\beta = 29^\circ 42'$ (29° 42′ 22″); $\alpha^* = 24^\circ 24'$ (24° 23′ 36″); $a = 0{,}130$ (0,13001) m; $J = 0{,}08215$ (0,082145) qm; **c)** $K. S.$* $\alpha = 55^\circ 46'$; $\beta = 41^\circ 25'$; $\gamma = 82^\circ 49'$; $J = 9{,}922$ qcm; **d)** $K. S.$ $a = 3{,}391$ m; $\beta = 40^\circ$; $\gamma^* = 74^\circ 42'$; $J = 3{,}925$ qm; ($T. S.$ $\gamma = 74^\circ 41' 5''$; $\beta = 40^\circ 0' 55''$; $a = 3{,}391$ m; $J = 3{,}9247$ qm); **e)** $\alpha^* = 26^\circ 54'$ (26° 54′ 31″); $b = 60{,}69$ (60,657) m; $c = 92{,}92$ (92,886) m; $J = 127{,}6$ (127,49) qm; **f)** $\alpha_1 = 67^\circ 45'$ (67° 44′ 10″); $\beta_1^* = 63^\circ 38'$ (63° 38′ 34″); $b_1 = 1{,}433$ (1,433) m; $J_1 = 0{,}7958$ (0,79568) qm; $\alpha_2^* = 112^\circ 15'$ (112° 15′ 50″); $\beta_2^* = 19^\circ 8'$ (19° 6′ 54″); $b_2 = 0{,}5243$ (0,52369) m; $J_2 = 0{,}2911$ (0,29069) qm. **g)** $K. S.$ $\alpha = 32^\circ 39'$; $\beta = 29^\circ 59'$; $\gamma = 117^\circ 21'$; $J = 0{,}27675$ qm ($H. S.$ $\alpha = 32^\circ 39' 10''$; $\beta = 30^\circ 0' 16''$; $\gamma = 117^\circ 20' 36''$; $J = 0{,}27678$ qm); **h)** $K. S.$ $b = 16{,}07$ m; $\alpha = 118^\circ 15'$; $\gamma^* = 29^\circ 27'$; $J = 104{,}8$ qm ($T. S.$ $\alpha = 118^\circ 13' 39''$; $\gamma = 29^\circ 28' 37''$; $b = 16{,}07$ m; $J = 104{,}78$ qm).

2. a) $\alpha = 27^\circ 57'$ (27° 57′ 5″); $\gamma^* = 90^\circ 2'$ (90° 2′ 19″); $b = 108{,}2$ (108,15) m; $c = 122{,}5$ (122,475) m; $J = 3105$ (3104,3) qm; **b)** $\gamma^* = 64^\circ 20'$ (64° 19′ 48″); $a = 82{,}11$ (82,086) m; $b = 127{,}6$ (127,59) m; $c = 118{,}1$ (118,08) m; $J = 4722$ (4719,7) m; **c)** $\alpha = 48^\circ 10'$ (48° 9′ 38″); $\beta^* = 4^\circ 34'$ (4° 34′ 50″); $a = 163{,}3$ (162,78) cm; $b = 17{,}45$ (17,449) cm; $c = 174{,}4$

(173,9) cm; $J = 1134$ (1130,3) qcm; **d)** $a = 56{,}325$ (36,3325) cm; c (K. S.) $= 48{,}37$ (48,388) cm; $\beta = 19^\circ 17'$ ($19^\circ 16' 22''$); $\alpha^* = 104^\circ 26'$ ($104^\circ 26' 26''$); $J = 449{,}8$ (449,54) qcm; **e)** $c = 19{,}14$ cm; b (K. S.) $= 18{,}91$ cm; $\alpha = 85^\circ 2',5$; $\gamma^* = 47^\circ 49',5$ ($c = 19{,}14$ cm; T. S. $\alpha = 84^\circ 58' 31'',5$; $\gamma = 47^\circ 53' 33'',5$; $b = 18{,}909$ cm).
3. a) $AC = 8{,}497$ K. S. (8,4978 T. S.) cm; $AD = 8{,}972$ (8,9714) cm; **b)** $BD = 4{,}623^*$ K. S. (4,6228 T. S.) m; $BC = 3{,}843$ (3,8436) m; $AC = 3{,}397$ K. S. (3,3968) m; **4)** 504,4 (504,3) m; **5)** T. S. $\alpha = 62^\circ 40',5$ ($62^\circ 40' 44''$); **6)** 187,1 (187,1) m; **7)** K. S. 5753 (T. S. 5752,6) m; **8)** $AC = 408{,}5$ (408,55) m; $AB = 483{,}1$ m K. S. (482,9 m T. S.); **9)** 54,245 (54,25) m; **10)** $DB = 81{,}66$ (81,652) m; $AD = 45{,}235$ K. S. (45,183 T. S.) m; $39^\circ 3'$ ($39^\circ 0' 25''$); **11)** 250,25 (250,02) m.

IV (III). Stereometrie.

§ 14 (1). 1) $O^* = 3d^2 = 36{,}75$ qm; $V = \frac{d^3}{4}\sqrt{2} = 15{,}16$ (15,159) ccm; **2)** $O^* = 2D^2 = 32$ qcm; $V = \frac{D^3}{9}\sqrt{3} = 12{,}32$ (12,317) ccm; **3)** 8,503 (8,50525) ccm; **4)** 557,7 (557,66) qm; **5)** 4446 (4445,3) g; **6)** 4,707 (4,7073) dm; **7)*** 0,44 cm; **8)** 703,2 (703,33) kg; **8. a)*** 16,416 cbm; 13,68 cbm; **8. b)** 2255 (2255,3) cbm; **9)** $a = \sqrt[3]{V:6} = 0{,}4564$ (0,45646) m; $b^* = 0{,}9128$ (0,91292) m; $c^* = 1{,}3692$ (1,36938) m; $a = \sqrt[3]{\frac{m^2 V}{np}}$; $b = \sqrt[3]{\frac{n^2 V}{mp}}$; $c = \sqrt[3]{\frac{p^2 V}{mn}}$; **10)** $a^* = \frac{1}{3}\sqrt{40} = 2{,}1082$ cm; $b^* = 3{,}1623$ cm; $c^* = 6{,}3246$ cm; **11)** 8500 (8499,4) qcm; **12)*** 12,5 m; 121,6 t; **12. a)** Zwei mit den Längsseiten aneinandergelegte und ein quer davor gelegter Ziegelstein bilden mit den zwischenliegenden, einer seitlichen und der darunter befindlichen Mörtelschicht ein Rechtkant von 8 cm Höhe, 26 cm Breite und 37,5 cm Länge. 2800 Stück*. **13)*** $D = a\sqrt{6} = 8{,}8182$ cm; $\sin\alpha = \frac{1}{3}\sqrt{6}$, $\alpha = 54^\circ 44'$; **14)** $a = c:\sqrt{7} = 2{,}419$ (2,4189) cm; **15)** $a^2 = \frac{24}{\sqrt{10}}$; $V = 3a^3 = 62{,}71$ (62,724) ccm; **16)** $a = \frac{D}{2}$; $V = a^3\sqrt{2} = 60{,}64$ (60,635) ccm; **17)** 0,9329 (0,93288) cm; **18)** $O = 111{,}03$ (111,037) qcm; $V = 58{,}04$ (58,051) ccm; **19)** 0,2518 (0,25175) mm; **20)*** $O = 90{,}385$ qcm; $V = 60{,}277$ ccm; **21)*** $O = 71{,}764$ qcm; $V = 39{,}916$ ccm.

§ 18 (2). **1)** 282,6 (282,61) kg; **2)** $O^* = a^2(1+\sqrt{15}) = 85{,}95$ qcm; $V = \frac{1}{3}a^3\sqrt{3{,}5} = 46{,}19$ (46,2025) ccm; $\alpha = 69^0\,18'^*$ ($69^0\,17'\,43''$); $\beta = 75^0\,2'^*$ ($75^0\,2'\,12''$); **3)** 30,33 (30,317) ccm; **4)** $a = \sqrt[3]{3000\sqrt{2}} = 16{,}19$ (16,189) cm; $h = a:\sqrt{2}$; $h_1 = h:\sqrt[3]{2} = 9{,}086$ (9,0857) cm; **5)** $O^* = a^2(\frac{1}{4}\sqrt{3}+\frac{3}{2}\sqrt{2}) = 66{,}438$ qcm; $V = \frac{a^3}{24}\sqrt{23} = 26{,}51$ (26,507) ccm; $\sin\alpha = \frac{1}{9}\sqrt{69}$; $\alpha = 67^0\,22'$ ($67^0\,21'\,45''$); $\sin\beta = \frac{1}{6}\sqrt{34{,}5}$; $\beta = 78^0\,10'$ ($78^0\,13'\,20''$); $\sin\frac{\gamma}{2} = \frac{3}{8}\sqrt{2}$; $\gamma = 64^0\,3'$ ($64^0\,3'\,21''$; **6)** $a = \sqrt{\frac{4\,\mathcal{M}}{3\sqrt{15}}}$; $h = a\sqrt{\frac{11}{3}} = 8{,}257$ (8,2561) cm; $V = 22{,}16$ (22,1535) ccm; **7)** $O = 2a^2\sqrt{3} = 44{,}89$ (44,894) qcm; $V = \frac{a^3}{3}\sqrt{2} = 21{,}995$ (21,993) ccm; $\alpha^* = 45^0$; $\operatorname{tg}\beta = \sqrt{2}$; $\beta = 54^0\,44'$ ($54^0\,44'\,8''$); **8)** 30,64 (30,64) ccm; **9)** 1,618 (1,6175) cm; **10)** $O = a^2\sqrt{3} = 32{,}03$ (32,026) qcm; $V = \frac{a^3}{12}\sqrt{2} = 9{,}372$ (9,3701) ccm; $\sin\alpha = \frac{1}{3}\sqrt{6}$, $\alpha = 54^0\,44'$ ($54^0\,44'\,10''$); $\sin\beta = \frac{2}{3}\sqrt{2}$; $\beta = 70^0\,32'$ ($70^0\,31'\,42''$); **11)** 10,71 (10,705) ccm; **12)** 75,74 (75,762) qcm; **13)** $V = 50{,}9$ (50,912) ccm; $\alpha = 63^0\,26'$ ($63^0\,26'\,6''$); $\beta = 65^0\,12'$ ($65^0\,12'\,20''$); **14)*** $\frac{7}{8}\cdot 348 = 304{,}5$ ccm.

§ 23 (3). **1)** 1188 (1188,5) kg; **2)** $r = \frac{2V}{M} = 0{,}2316$ (0,23158) m; $h = M:2r\pi = 0{,}2612$ (0,26116) m; **3)** 7,703 (7,7032); **4)** 532,1 (532,15) kg; **5)** $r = \sqrt{M:4\pi}$; $V = 2r^3\pi = 519{,}8$ (519,72) ccm; **6)** $r = \sqrt[3]{V:4\pi}$; $O = 569$ (569,025) qcm; **7)** $r = \sqrt[3]{1000:3\pi} = 4{,}734$ (4,7341) cm; $h = 3r = 14{,}202$ (14,2023) cm; **8)** $O = \frac{3}{2}a^2\pi = 113{,}1$ (113,1) qcm; $V = \frac{1}{4}a^3\pi = 92{,}32$ (92,343) ccm; **9)** $M = a^2\pi\sqrt{2} = 67{,}58$ (67,575) qcm; $V = \frac{1}{2}a^3\pi = 93{,}2$ (93,175) ccm; **10)** 154,3 (154,21) cdm; **11)** $p = slr^2(\pi - \frac{3}{4}\sqrt{3}) = 2486$ (2487,3) g; **12)** $M = 4014$ (4013,8) qcm, $V = 23520$ (23518) ccm; **13)** $r = \sqrt{2\,O:7\pi}$; $h = \frac{1}{2}r\sqrt{21}$; $V = \frac{1}{6}r^3\pi\sqrt{21} = 1649$ (1648,4) ccm; **14)** 53,64 (53,6375) cm; **15)** $2r = s = \sqrt[3]{24000:\pi\sqrt{3}} = 16{,}4$ (16,4) cm; **16)** 6,888 (6,8875) cm; **17)** $h = \sqrt{M:\pi\sqrt{2}} = 19{,}58$ (19,577) cm; **18)** $M = h^2\pi\operatorname{tg}\frac{\alpha}{2}:\cos\frac{\alpha}{2} = 688{,}3$ (688,35) qcm; $V = \frac{1}{3}\pi h^3\operatorname{tg}^2\frac{\alpha}{2} = 2042$ (2041,5) ccm;

19) $s = \sqrt[3]{75000 : \pi \sin^2 \frac{\alpha}{2} \cos \frac{\alpha}{2}} = 40{,}94$ (40,931) cm; $325^0\, 54'$ ($325^0\, 54'$); **20)** $V = 1000\, \pi \sqrt{3} : 24 = 226{,}7$ (226,73) ccm; **21)** $M = r^2 \sqrt{28} = 61{,}175$ (61,17) qcm; $V = \frac{2}{3} r^3 \sqrt{3} = 45{,}385$ (45,385) ccm; **22)** $V = \frac{1}{12} a^3 \pi \sqrt{2} = 52{,}05$ (52,058) ccm; **23)** $V = \frac{1}{108} a^3 \pi \sqrt{6} = 10{,}02$ (10,019) ccm; **24)** 235,4 (235,4) g; **25)** 1,86 (1,8599); **26)** $O = 511\,200\,000$ (511 080 000) qkm; $V = 1\,087\,000\,000\,000$ (1 086 450 000 000 cbkm; **27)** $O_1 : O_2 = 1 : 3$; $V_1 : V_2 = 1 : 3\sqrt{3} = 1 : 5{,}2$; **28)** $O_1 : O_2 = 1 : 2$; $V_1 : V_2 = 1 : 2\sqrt{2} = 1 : 2{,}83$.

Anhang III (V). Graphische Darstellungen.

§ 9 (2).

x =	−6	−5	−4	−3	−2	−1	0	1	2	3	4	5	6	7	8	9
1)	−3	−2	−1	0	1	2	3	4	5	6	7					
2)				10	9	8	7	6	5	4	3	2	1	0	−1	−2
3)					−8	−4	0	4	8	12						
4)				−7	−4	−1	2	5	8	11						
5)						16	12	8	4	0	−4					
6)	−2	−1,67	−1,33	−1	−0,67	−0,33	0	0,33	0,67	1	1,33	1,67				
7)	−4,5	−3,75	−3	−2,25	−1,5	−0,75	0	0,75	1,5	2,25	3	3,75	4,5			
8)	3	3,5	4	4,5	5	5,5	6	6,5	7	7,5	8	8,5	9			
9)			11,57	11,43	11,29	11,14	11	10,86	10,71	10,57	10,43					
10)	−0,4	−0,2	0	0,2	0,4	0,6	0,8	1	1,2	1,4	1,6	1,8	2			
11)	8,25	7,5	6,75	6	5,25	4,5	3,75	3	2,25	1,5	0,75	0	−0,75			
12)	−2	−2,4	−3	−4	−6	−12	∞	12	6	4	3	2,4	2			
13)	6,5	6,4	6,25	6	5,5	4	∞	10	8,5	8	7,75	7,6	7,5			
14)	1,33	1,5	1,75	2,17	3	5,5	∞	−4,5	−2	−1,17	−0,75	−0,5	−0,33			
15)			0,075	0,09	0,1	0,12	0,15	0,2	0,3	0,6	∞	−0,6	−0,3	−0,2	−0,15	−0,12
16)	1,46	1,7	2,14	3,25	11	−4,5	−1,4	0,625	−0,27	−0,07	0,06	0,15	0,22			
17)	0,66	0,6	0,52	0,41	0,23	−0,11	−1	−9	4,33	2,43	1,91	1,67	1,53			
18)			2,125	2	1,83	1,6	1,25	0,67	−0,5	−4	∞	10	6,5	5,33		
19)		125	80	45	20	5	0	5	20	45	80	125				
20)		32,5	19	8,5	1	−3,5	−5	−3,5	1	8,5	19	32,5				
21)		75	53	35	21	11	5	3	5	11	21	35				
22)		28	18	10	4	0	−2	−2	0	4	10	18	28			
23)		12,25	6,25	2,25	0,25	0,25	2,25	6,25	12,25	20,25	30,25	42,25				
24)			−64	−27	−8	−1	0	1	8	27	64					
25)				−57	−19	−5	−3	−1	13	51						
26)				−42	−5	8	9	10	23	60						
27)		−56	−18	0	4	0	−6	−8	0	24	70	144				
28)			−65	−22	0	7	5	0	−2	5	27	70				
29)	0,44	0,64	1	1,78	4	16	∞	16	4	1,78	1	0,64	0,44			
30)	−10,7	−8,22	−5,875	−3,71	−1,83	−0,4	0,25	−0,67	−5,5	−26	∞	74	53,5	48,67	47,75	
31)			−0,83	−1,3	−2,75	∞	3,5	2,5	∞	−0,25	0,1	0,17	0,18	0,175	0,17	0,16
32)		0	1	1.41	1,73	2	2,24	2,45	2,65	2,83	3	3,16	3,32	3,46	3,61	
33)			0	2,65	3,46	3,87	4	3,87	3,46	2,65	0					
34)	−1,82	−1,71	−1,59	−1,44	−1,26	−1	0	1	1,26	1,44	1,59	1,71	1,82			
35)			0	2,41	2,88	3,11	3,17	3,11	2,88	2,41	0					
36)			0,01	0,04	0,11	0,33	1	3	9							

§ 13 (4). **1)** — 4,67; — 8,33; **2)** 1,64; — 0,73; **3)** 5,14; 1,71.

§ 16 a) und **c)** s. die Rechentafeln.

b)

$x =$	− 6	− 5	− 4	− 3	− 2	− 1	0	1	2	3	4	5	6
$\frac{1}{x} =$	− 0,17	− 0,2	− 0,25	− 0,33	− 0,5	− 1 ×	∞	× 1	0,5	0,33	0,25	0,2	0,17
$\frac{1}{x^2} =$	0,03	0,04	0,06	0,11	0,25	1 ×	∞	× 1	0,25	0,11	0,06	0,04	0,03
$\frac{1}{x^3} =$		− 0,01	− 0,02	− 0,04	− 0,125	− 1	∞	1	0,125	0,04	0,02	0,01	

× Die Zwischenwerte s. S. 29 bei § 5, A. 13 und 17.

§ 17 (5).

$x =$	− 6	− 5	− 4	− 3	− 2	− 1	0	1	2	3	4	5
1)			7	0	− 5	− 8	− 9	− 8	− 5	0	7	
2)				13	8	5	4	5	8	13		
3)					8	3	0	− 1	0	3	8	
4)			8	3	0	− 1	0	3	8			
5)		14	6	0	− 4	− 6	− 6	− 4	0	6	14	
6)	11	4,5	0	− 2,5	− 3	− 1,5	2	7,5	15			
7)						10,12	4,32	0,52	− 1,28	− 0,08	1,12	5,32
8)					12	7	4	3	4	7	12	

§ 20 (1). **5)** 1 — 5 s. S. 27, 28 11 a—e; **7)** 2—4 s. S. 27, 28 12 b—d.

	3	7_5	7_6		3	7_5	7_6		3	7_5	7_6
1872	— 94,2	3,89	0,97	1887	13,5	2,88	0,82	1902	197,9	2,46	0,93
73	— 67,6	3,66	0,97	88	25,7	2,51	0,77	3	240,6	2,36	0,96
74	— 11,4	3,76	0,99	89	32,7	2,40	0,74	4	197,1	2,45	1,00
75	— 0,8	3,68	1,00	90	93,7	2,44	0,77	5	262,8	2,29	1,01
76	2,8	3,44	0,98	91	103,0	2,56	0,81	6	300,5	2,19	1,04
77	1,6	3,32	0,96	92	61,2	2,68	0,81	7	337,2	2,13	1,09
78	— 0,1	3,33	0,93	93	27,3	2,63	0,82	8	89,8	2,35	1,14
79	— 6,7	3,31	0,90	94	19,2	2,49	0,80	9	221,3	2,28	1,14
80	— 40,2	3,26	0,89	95	65,9	2,48	0,79	10	233,2	2,18	1,14
81	— 121,4	3,16	0,87	96	70,0	2,17	0,76	11	164,5	2,04	1,13
82	— 106,7	3,04	0,86	97	45,6	1,99	0,76	12	276,7	1,98	1,14
83	— 86,6	2,88	0,85	98	66,6	1,96	0,78	13	395,5	1,93	1,16
84	— 57,5	2,97	0,85	99	110,8	2,00	0,78		in 1000	% des Gesamthandels	‰ der Bevölkerung
85	— 22,7	3,07	0,85	1900	143,4	2,03	0,80				
86	33,2	3,10	0,83	1	150,1	2,32	0,89				

	10_4		10_5		10_6			10_4		10_5		10_6	
	Roggen	Weizen	Roggen	Weizen	Roggen	Weizen		Roggen	Weizen	Roggen	Weizen	Roggen	Weizen
1893	1,49	1,67	0,12	0,04	0,18	0,07	1907	1,61	1,99	0,10	0,03	0,16	0,06
94	1,38	1,69	0,12	0,04	0,16	0,06	8	1,75	2,00	0,10	0,03	0,17	0,06
95	1,31	1,64	0,11	0,04	0,15	0,06	9	1,85	2,05	0,10	0,03	0,18	0,06
96	1,43	1,77	0,11	0,04	0,16	0,06	10	1,70	1,99	0,10	0,03	0,16	0,06
97	1,37	1,70	0,11	0,04	0,15	0,06	11	1,77	2,06	0,09	0,03	0,17	0,06
98	1,52	1,83	0,11	0,04	0,17	0,07	12	1,85	2,26	0,09	0,03	0,18	0,07
99	1,48	1,91	0,11	0,04	0,16	0,07	13	1,92	2,36	0,10	0,03	0,18	0,07
1900	1,44	1,87	0,11	0,04	0,15	0,07	14	1,66	1,99				
1	1,40	1,58	0,10	0,03	0,14	0,04	15	1,43	1,92				
2	1,54	2,04	0,11	0,03	0,16	0,07	16	1,49	1,83				
3	1,65	1,97	0,13	0,03	0,17	0,06	17	1,26	1,51				
4	1,65	1,98	0,10	0,03	0,17	0,06	18	1,39	1,71				
5	1,56	1,92	0,10	0,03	0,14	0,06							
6	1,58	2,04	0,10	0,03	0,16	0,06							
								Tonnen auf 1 ha		ha auf den Kopf der Bevölkerung		Tonnen auf den Kopf der Bevölkerung	

	11a	11b	12					11 a	11b	12			
	Stein-kohlen	Roh-eisen	Baum-wolle	Kaffee	Reis	Tee		Stein-kohlen	Roh-eisen	Baum-wolle	Kaffee	Reis	Tee
76/80	0,84	0,05	2,82	2,30	1,64	0,03	01/05	1,80	0,16	6,17	3,01	2,34	0,05
81/85	1,05	0,08	3,31	2,41	1,80	0,04	06/10	2,16	0,20	6,66	3,01	2,60	0,06
86/90	1,22	0,09	4,17	2,37	1,75	0,04							
91/95	1,38	0,10	4,97	2,42	2,50	0,05							
96/00	1,65	0,14	5,56	2,70	2,40	0,05							
								Tonnen auf den Kopf der Bevölkerung		Kilogramm auf den Kopf der Bevölkerung			

Inhalt der Ausgabe B

Unterstufe:

I. Planimetrie.
II. Arithmetik und Algebra.
III. Anfangsgründe der ebenen Trigonometrie.
IV. Anfangsgründe der Stereometrie.
Anhang I: Von der geometrischen Konstruktionsaufgabe.
Anhang II: Anleitung zum perspektivischen Zeichnen räumlicher Gebilde und zu ihrer Darstellung in Grund- und Aufriß.
Anhang III: Grundzüge der graphischen Darstellung.
Anhang IV: Praktische Aufgaben aus der Feldmeßkunst.
Anhang V: Senkrechte Eintafelprojektion.
Anhang VI: Geschichtliches.

Oberstufe:

I. Einleitung in die neuere Geometrie.
II. Grundzüge der darstellenden Geometrie.
III. Grundzüge der synthetischen Geometrie der Kegelschnitte.
IV. Arithmetik und Algebra.
V. Ebene Trigonometrie.
VI. Stereometrie.
VII. Sphärische Trigonometrie nebst Anwendung auf die mathematische Erd- und Himmelskunde.
VIII. Grundzüge und Anwendungen der Differentialrechnung in engster Verbindung mit der Lehre von den Funktionen.
IX. Grundzüge und Anwendungen der Integralrechnung.
X. Analytische Geometrie der Ebene.

FSC
www.fsc.org
MIX
Papier | Fördert gute Waldnutzung
FSC® C083411

Zeitfracht Medien GmbH
Ferdinand-Jühlke-Straße 7
99095 Erfurt, Deutschland
produktsicherheit@kolibri360.de